消防で活躍する車両は全部で何種類ある？

（写真提供：東京消防

ポンプ車

小型ポンプ車

普通ポンプ車

水槽付ポンプ車

水槽付ポンプ車（はしご車）

送水車・ホース延長車

障害物除去機能付ポンプ車

化学車

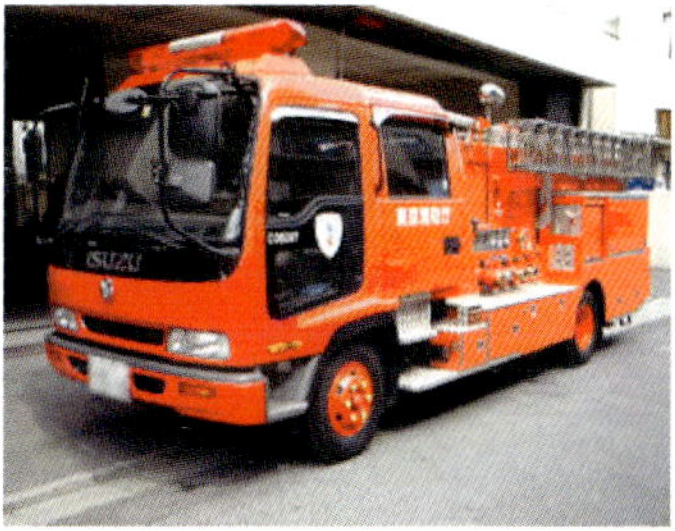

普通化学車

大型化学車

特殊災害対策車

排煙高発泡車

救急車

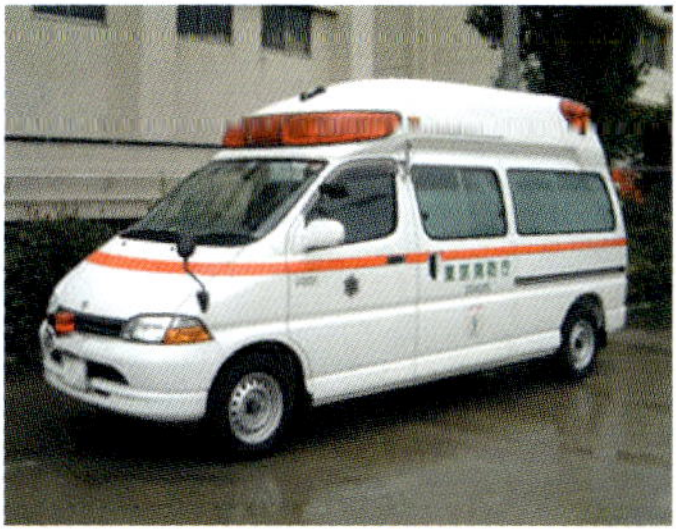

高規格救急車

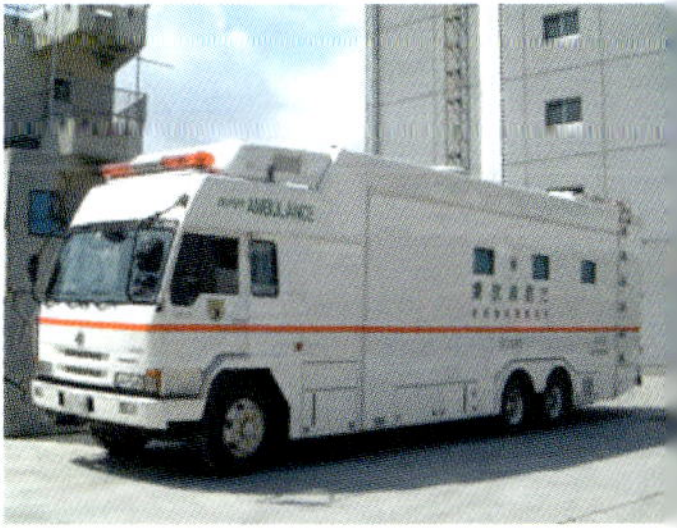

特殊救急車

救助車

救助車（II型）

救助車（III型）

救助車（IV型）

山岳救助車

救出救助車

水難救助車

はしご車

はしご車

屈折放水塔車

二輪車

消防活動二輪車

空中作業車

指揮・支援系車両

指揮隊車

10t水槽車

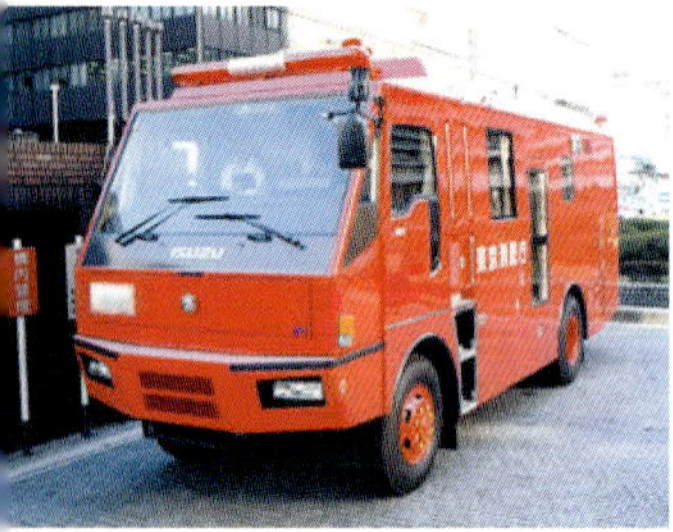

指揮統制車

照明電源車

救援車

補給車

泡原液搬送車

移動無線電話車

重機搬送車

工作車

資材搬送車

クレーン車

災害対応多目的車

査察広報車

ロボット

無人放水ロボット
（レインボー5）

無人救助ロボット
（ロボキュー）

水中ロボット
（ウォーターサーチ）

消化ロボット
（ジェットファイター）

偵察ロボット
（ファイヤーサーチ）

壁面昇降ロボット
（レスキュークライマー）

二見文庫

消防自動車99の謎

消防の謎と不思議研究会 編著

はじめに

真っ赤なランプを点灯させ、けたたましくサイレンを鳴らして走りすぎていく。そんな消防車や救急車の雄姿をよく目にするでしょう。

最近では、消防士や救急隊員を主人公にした映画やＴＶドラマも数多く作られ、消防やレスキューの世界がかなり身近になってきたように思われます。

とはいえ、では「実際に消防車を呼んだことがある人は？」「救急車に乗ったことがある人は？」といえば、きわめて少ないのでは……。ましてや「消防車に同乗したことがある人」などは、皆無といっていいでしょう。

つまり、「あまりにも身近にありながら、お世話になることは一生のうちにあるかないかという赤や白の車」、それに「消防車や救急車の実情」は、ほとんど知られていません。

実際、「赤や白の……」と書きましたが、「消防車は正しくは赤くない」ということもほとんど知られていない事実なのです。

また、車両だけでなく、消防という組織自体も一般にはあまり知られていないのが実情でしょう。

それに、命がけの消火や災害救助の仕事にたずさわる消防隊員やレスキュー隊員の実態も、ぜひ知っていただきたい。

今回、この本を刊行するにあたって、実にさまざまな立場の人たちから多くの貴重な情報をいただきました。

消防・救急・レスキューの現役やOBの方々や海外勤務の経験がある消防士の方々などに「署内そして現場でのシビアな日常」について、ナマの声を提供していただきました。

また、消防車や資器材などの各メーカーからは、「わが国の消防車を支える日本の先進テクノロジー」ほか、メカニズムなどについての興味深い話題も目白押しでした。

さらには、「消防車大好き♪」なマニアの方からもご協力を仰いでおります。

本書は、なにげなく見すごしている消防車や救急車の、ふとした疑問から少々マニアックな内容、さらには「消防の世界の知られざる舞台裏」などについて、幅広いテーマを網羅いたしました。

かつてない消防関連の雑学本として、一般の読者はもちろん、マニアの方々、はては消防や救急の世界で働く人々や、そのご家族、友人、恋人にまで、広く手にとっていただければ幸いです。

最後に、取材ならびに写真のご提供に快諾くださいました方々、そして本書を刊行するにあたってご指導ご協力を賜りました方々に、この場を借りて心より感謝申しあげるしだいでございます。

二〇〇六年

消防の謎と不思議研究会

もくじ

PART1 「消防車の種類」の謎

PART2　「消防車・救急車」の謎

PART3 「消防・レスキュー隊員」の謎

PART4 「火災と消火」の謎

PART1 「消防車の種類」の謎

1 二輪車から装甲車(?)まである消防車の種類は?

「とりあえずビールね!」

居酒屋などでよく耳にするこのフレーズ、何の違和感もなく当たり前に頼んでいる人はけっこう多い。だが、これが外国人にとっては「フシギな響き」に聞こえるようだ。

あるアメリカ人が、「どこに飲みに行っても日本人が注文するのは、『サッポロ』でも『アサヒ』でも『キリン』でもなく、聞いたことのないブランドだ」という。

「あのビール、日本ではトップシェアなのかい?」と質問したらしい。

はて、いったい何のことかと尋ねると、「あれだよ、あの『トリアイズビール』っていうブランドさ」

「…………」

なるほど、外国人の耳にはそう聞こえるのだろう。

さて、そんな意味からいえば消防車も同様であるといえる。

119番への通報では、「とりあえず消防車」というような「注文」が多い、なんてことはないが、その「種類」の点においては想像以上に多いのだ。

「えっ、消防車って放水する車（ポンプ車）と『はしご車』くらいじゃないの？」などといっているようでは、まさに「とりあえず消防車」なのだ。

「消防車」という言葉の明確な定義は法令上では特にないが、三省堂『大辞林第二版』によると、「消防作業を行なうための自動車。ポンプ車・化学車・はしご車・照明車・指令車などの総称。消防自動車」とある。つまり、一般的なものはもちろんだが、ふだん私たちが目にしないような特殊なものも含めると30種類にものぼる。

ちなみに、これらの車両の名称だが、消防法第26条には「消防車」という表記があり、また、道交法の「緊急自動車の区分」では、「消防用自動車」という表記が存在する。さらに、救急車などを含めた車両全般を「消防車両」と呼んでいる。

つまり、法規上は「消防自動車」という名称は存在しないのだ。

2」まったく同じ消防車は1台たりとも存在しない！

消防車が「専門のメーカーで造られている」ことは後で述べるが、その製造工程はどうなっているのだろう。

クライアントが消防本部の場合を例に、順を追って説明しよう。

特装車工場

（写真提供：（株）モリタ）

まず初めは、新車を導入する消防本部からメーカー側に「発注」されるのだが、その前に本部側がまとめた「仮仕様書」をもとにした両者での打ち合わせが行なわれる。

都心部、山間部、沿岸部など、管轄する地域の違いから各本部が消防車に求める機能もさまざまに異なる。

こうした状況を考慮し、まずは各本部が最も適した仕様を「ほぼ独自」に考え、数社のメーカーに「製造可能」かどうかを打診する。つまり、車種ごとにある程度ベースとなるモデルがあるため、「見た目」は同じようだが、いうなれば、まったく同じ消防車は１台たりとも存在しないというわけだ。

打ち合わせののち、製造可能となれば正式な仕様書が作られ、競争入札によりメーカーが決定。いよいよ「消防車づくり」のスタートとなる。

受注したメーカーは、仕様書の詳細設計とともに、消防車の土台ともいえる「シャーシ」を発注する。これは「日野」や「いすゞ」などの自動車メーカーが造っており、一般のトラックに使われているものを流用するか「消防車専用」のものを使用している。

シャーシが届くまでは、使用するパーツの製作や塗装など他の工程を進めておく。サイレンや回転灯など一部購入する製品もあるが、通常、ほとんどのパーツは自社で製作されているようだ。

昔に比べればオートメーション化が進んだ消防車づくりだが、はしご車の梯体（はしごの部分）やポンプ車の各種ポンプ、ボディなど主要なパーツの製作から、シャーシへの各パーツの取りつけまで、大半の工程は「手作業」で行なわれているのだ。

また、梯体の溶接など重要なポイントでは、ベテランエンジニアの「熟練した目」も欠かせないものとなる。

こうして、通常のポンプ車で約5カ月、はしご車ならおよそ9カ月ののち、手間ひまかけて造った「世界にひとつだけの消防車」が誕生するというわけだ。

3 数百種の救助資器材が積みこまれた「救助工作車」とは？

事故や災害などの現場で、救助・救命活動をメインに行なうレスキュー隊。そんな彼らの足となるのは、ポンプ車などの普通の消防車ではなく「救助工作車」、通称「救工車」と呼ばれる「特殊な消防車」だ。

1970年代の後半から登場しはじめたこの車の最大の特徴は、数百種類にもおよぶ救助用アイテム（資器材）を積んでいる点だろう。

大小さまざまな資器材が積みこまれたその景観は、まるで「パズル」のようであり、その組み合わせは「救工車の数」だけ存在する。なぜなら、基本的に積載される資器材は省令で定められているが、実情は地域ごとの特色が大きく反映され、消防署によってかなりのバラツキがあり、他の消防車同様、救工車も1台1台がオーダーメイドとなるからだ。

あるメーカーの方の話では、はしご車などに比べれば製造自体はしごく簡単で早く、逆に設計図面の作成、要するに「どういう仕切り方にするか」という部分に製作の多くの時間が費やされるという。

いわれてみれば確かにそうだ。レスキュー隊ごとに所持するアイテムが異なるうえに、

救助工作車

（写真提供：LIFE-SAVER 大橋忠泰氏）

「重いものはタイヤ付近のボックスへ」といったレイアウトのセオリーはあるものの、使いやすい配置も微妙に違ってくるし、新型アイテムなどの場合は「現地での採寸」からスタートすることも多いとか。

だからといって「単に道具を運ぶだけの車」などと思ってもらっては困る。重量物を移動・固定するためのクレーンやウインチ、また夜間の作業には欠かせない照明装置など車両自体にもいろいろな装備がほどこされている。

そんな救工車のお値段は意外に高く、仕様にもよるものの、1台で少なくとも4000万円以上はする計算になるとか。

ただ、その金額の大半は積載する資器材や照明・クレーンなどの装備の値段で、車両自体そのものは「コカコーラのトラックと大差ない」と消防車メーカーの営業担当は話す。

4 消防車と救急車を合体した「消救車」誕生の秘話

鉛筆と消しゴムを合体させた「消しゴムつきエンピツ」、テレビとビデオを合体させた「ビデオつきテレビ」など、大ヒットした商品のなかには、同時に使うことが多いものをひとつにまとめるという、素朴な発想から生まれたものが少なくない。

例にもれず、消防車メーカーのモリタによる「消救車」も同様だ。ひとつの消防署に配備できる車両には限りがあり、特に救急車は通常の署で1台が限度だ。だが、管轄内で同時に事故や火災などが発生することが当然ある。「あと1台消防車があれば……」「救急車がもう2台あれば……」といった消防界の現場の尽きない悩みを聞き、まったく新しいコンセプトカーの開発に同社は着手した。

だが、その実現までには艱難辛苦《かんなんしんく》の道のりがあったという。事実、「消救車」が発表された2002年の7月から「第1号車の導入」が松戸市消防局に決まるまでには、実に2年半にもおよぶ時間がかかっている。

この背景には、大きく分けて2つの問題があった。ひとつは「救急車としての基準」、

ツートンカラーが特徴の「消救車」

（写真提供：（株）モリタ）

もうひとつは「車体の色など」についてだ。

救急車の車内規格は「救急業務実施基準」などの法令で、必要となるスペースや装備などが決められているが、発表当初のデモカーでは車内に十分なスペースが確保できていなかった。そこで現在の仕様では、患者室を大幅に拡張し、さらに車体横のスイングドア全体が上側に大きく開くなど、より間口を広げる手段がとられている。

もうひとつの問題だが、「消防車は朱色、救急車は白」という明確な決まりがあるものの、同車はまさに赤と白の「ツートンカラー」で、発表記者会見の席でもこの点に関する質問が多く寄せられたらしい。

かつて前例のない「世界初の消救車」は、はたして「消防車」なのか、それとも「救急車」なのか、あるいは……。

　こうした点について同社では、法的な位置づけを決定させるため、総務省消防庁をはじめ警察庁や国土交通省などと検討を重ねてきた。そして2004年の12月28日、総務省消防庁の発表で法規上は「消防車」として位置づけ、名称については「消防救急車」とすることが正式に決定した。

　気になる「色の問題」だが、配備された車両は、正面からサイド前方は救急車の白がメイン、サイドから後方は消防車の赤がメインということで、なんとか落ち着いている。

　2つの機能を便利にひとつにまとめると、逆にお互いが中途半端になってしまうというデメリットも少なくないが、この車両については、2000リットル／分の放水量を持つ通常のポンプ車並み能力と、普通救急車と同等の室内高と幅を持ち、必要な医療用具を配備した「真のマルチタスクカー」に仕上がっている。

5　コンビナートなどの大規模火災に必須「消防車の3点セット」とは？

　消防車があるのは消防署や消防団の本部だけとは限らない。空港や自衛隊、さらには米軍施設などのほか、一般の企業にも配備されているケースがある。

大規模災害に必須の
「消防車の3点セット」

大型化学車

大型高所放水車

泡原液搬送車

（写真提供：東京消防庁）

もちろん、法律上は市町村単位の業務である消防だから、どんな企業でもというわけではないが、大規模な工場、テーマパーク、ホテルなどでは「企業内自衛消防隊」と呼ばれる消防組織および消防車を配備している場合が少なくない。

なかでも、特に危険物の製造事業所や石油コンビナート地帯では「石油コンビナート等災害防止法」により、「規模に応じた消防力の設置」が法的に規定されている。

この法律は、昭和40年代、日本が高度経済成長期に突入すると間もなく、工業地帯でのコンビナート火災など、大規模な危険物による火災が続発するようになったことから、1975年に制定された。

これにともない、石油コンビナート地域には、大規模な化学火災には必須となる、

①大型化学消防ポンプ自動車
②大型高所放水車
③泡原液搬送車

の、消防業界で「3点セット」と呼ばれる車両の配備が義務づけられるようになった。

ちなみに①は69ページで紹介しているのでそちらを参照いただくとして、②は地上20メートル以上から70メートル先までの消火活動が可能で、③は①や②が放出する特殊な消火液を作る素となる泡原液を運ぶ役割を担っている。

6　小さくてもスグレモノ「消防ロボ」の凄い実力

マンガやアニメに登場するロボットには、「カワイイ顔して、やることはスゴイ」タイプが多いものだ。

鉄腕アトムも、長いまつげの幼いマスクに身長135センチ、体重はなんと35キロ（軽すぎ?）ながら10万馬力のジェット噴射で空を飛ぶ。そのうえ、知る人ぞ知る60もの言語が話せるという、まさにスーパーロボットなのだ。

さて、そんなロボットのように、見た目はカワイイのにスグレモノの「消防ロボット」が存在する。

ロボットの横綱級と比べれば確かにパワーは劣るとはいえ、東京消防庁の「ジェットファイター」は、消防隊員が接近困難な現場をものともしないタフガイなのだ。

全長は120センチと「アトム」よりも小さいが、1分間に約2100リットルの放水が可能。遠隔操作は100メートルまでOKなうえ、操作盤にあるモニターに災害状況を映し出す機能もついている。

さらに、ガスや温度を検知するセンサーを装備しており、高温や可燃ガスの充満、一酸

消防ロボ「ジェットファイター」

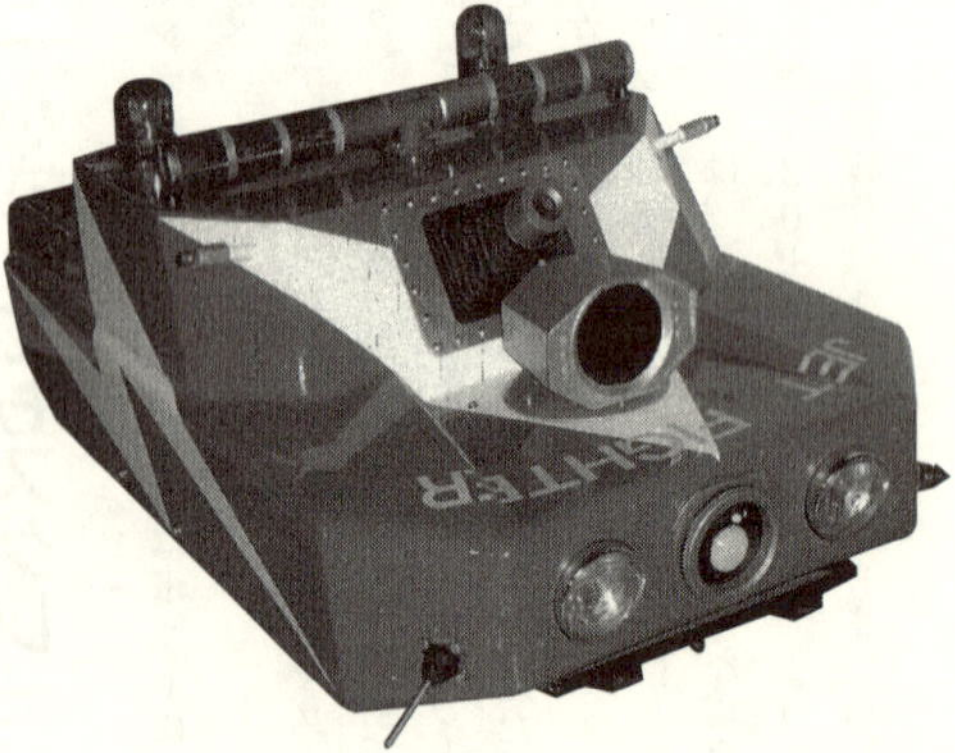

（消防博物館所蔵）

化炭素濃度の上昇など、現場が危険な状態になった際はモニターや音声で即座に知らせてくれる。

こうした小さいながらスグレモノの消火ロボットは、ほかにも自分でドアを開けて建物の内部を調べる偵察ロボ「ファイヤーサーチ」や、水難救助の現場で活躍する「水中ロボット」などがある。

ちなみに「ジェットファイター」は、東京の地下鉄丸ノ内線の四谷三丁目にある「消防博物館」に展示されている。

そのキュートな「勇姿」を、ぜひ一度ご覧になっていただきたい。

7 消火ロボットの横綱　無人放水車「ロボファイター330」

　震災などによる大規模災害やコンビナート火災、さらには有毒ガスなどの立ちこめる危険な現場では、いかに訓練されたレスキュー隊員であっても、近づくことができないケースも出てくる。

　だからといって、手をこまねいて見ているわけではない。そんなときに活躍するのが、「消防ロボット」だ。ロボットといっても、近未来のSF映画やアニメなどに登場するような二足歩行の人間型ロボットとは異なるが、最先端の科学技術を結集し「平和を守る人類の味方」という点では同じだろう。

　さて、ひとくちに「消防ロボット」といっても、いろいろな特性をもっている。なかでも横綱級という表現がピッタリの１台が、横浜市安全管理局所有の無人放水車「ロボファイター330」だろう。

　シルバーメタリックのスクウェアなボディに足回りはキャタピラで、屋根には高射砲を思わせる旋回可能な放水ノズル、さらに車両前部の「大型カニバサミ」のような作業アームと、そのフォルムはまさに「近未来の科学兵器」という感じだ。

無人放水車「ロボファイター330」

（写真提供：横浜市安全管理局）

大きさとしては、一般的なミニバンより少し車高が高い程度のロボファイターだ。いったい何が「横綱」級かといえば、その活躍ぶりにほかならない。

最高1000℃という、想像を絶する耐熱温度というのもすぐれているが、その小さなボディからの放水量はケタ外れのパワーをもち、あの空港専用車両にも匹敵する毎分6000リットルなのだ。

ちなみに、ドラム缶1本が約200リットルだから、1分間でなんと30本分にもなる。

また、フロント部のアームも単なる飾りではない。最大500キロを持ち上げられる機能を活かし、瓦礫の撤去や人命救助に活躍するスグレモノなのだ。

石油コンビナートなどが近隣に位置する同

局にとって、この「人間ワザでは不可能な機動力と驚異の放水力」は、イザというときに頼りになる存在だ。

この消火ロボット、普通のラジコンよりやや大きめのコントローラーで縦横無尽に各機能を操作できる。

8 二輪消防車「ミストドラゴン」が大活躍、その消火力とは?

消防車といえば四輪でゴツい車体のものばかり、と考えられがちだが、二輪車、つまり大型バイクの消防車両も大いに活躍しているのをご存知だろうか。

その多くは、災害や事故などの発生時にいち早く現場の情報収集などを行なうことで、救助への初期活動を目的としたもの。

たしかに、二輪車なら渋滞や狭い道路や違法駐車など、大型の消防車ではにっちもさっちもいかない状況をものともせず現場へ向かうことが可能だ。

実際に初動における有効性は、瓦礫の山やひび割れた道路を難なく乗り越えていくオフロード仕様の二輪車部隊が大活躍する。それは阪神・淡路大震災でも実証されていることだ。東京消防庁では１９９７年から消防活動二輪部隊、通称「クイックアタッカー」を設

最新の機能を装備した世界初の
二輪消防車「ミストドラゴン」

（写真提供：（有）ホワイトハウス）

けている。

阪神・淡路大震災の教訓から生まれたこの部隊は、震災時の情報収集をはじめ高速道路や山間部での事故や火災の初期消火、救急・救助活動に対応すべく、持ち運び可能な消火器具や簡易な救急・救助資器材が積めるようになっている。

と、ここまで読んできて、少々腑《ふ》に落ちない方もいるのではないだろうか。たとえば、「二輪の消防車といっているわりには結局、消火がメインじゃない」とか「消火器具も可搬式（持ち運び可能）の簡単なものを積んでいるだけ」といったことから、「消防車というには、いささか……」と違和感をもつ方もおられるだろう。そこで「かつての消防用二輪車の常識」を打ち破ったのが、世界初の完全完結型水槽つき消防用自動二輪車「ミストドラゴン」なのだ。

その特徴は、なんといっても「世界初の完全完結」とうたっている、その「消火力」にある。55リットルの水タンクと、エンジンから放水用の動力を取り出せる仕組みをもったミストドラゴンは、消火用ポンプを搭載し、最長で10分近くの消火活動が行なえる、まさに「二輪のタンク車」と呼ぶにふさわしい1台だ。

筒先には水を微細な霧状（ミスト）にして放出するフォグガンタイプを採用。また、シートに巻きつけられた20メートルの高圧ホースを延ばしながら、屋内へ進入しての消火活動も可能とした。

このミストドラゴンは、国内では２００４年の11月に千葉県の四街道《よつかいどう》市消防本部に初配備されている。

9　半世紀以上ものロングセラーを続けてきた消防車とは？

どの業界にも時代を超えて愛されるロングランの「定番モノ」が存在する。金鳥の「蚊取り線香」しかり、ボーイング社の「ジャンボジェット機」や日清の「チキンラーメン」と同じように、それは消防の世界でも例外ではない。

半世紀以上もの昔から愛されつづけてきた消防車、それがトヨタランドクルーザーをベースにしたシリーズ。いわゆるRV車の、あの「ランクル」だ。

同シリーズの歴史は、1951年に発表されたトヨタジープBJ型（ランクルの前身）から始まっている。

当初は警察のパトロール用に開発されたものだったが、その後まもなく消防自動車用のシャーシとして生産が開始された。

利用車種としては、ポンプ車、指揮車などももちろんだが、その堅牢性と悪路走行にすぐれた特性から、雪道や山岳などでその威力をいかんなく発揮し、山岳救助車や、山林火災車などによく用いられた。

実際、今でも積雪の多い山岳地帯の消防団などでは、復活を望む声も少なくないという。そう、つまりこのロングラン消防車も今は生産中止となり、現存する車種が最後となっている。

最終生産は平成15年、理由は「受注生産のため、以前から赤字だったトヨタ側がシャーシの生産を中止」してしまったからだ。

とはいえ、現在さまざまな消防自動車があるなかで、半世紀以上もの長きにわたって生産されつづけたのは、このランクルをおいてほかにはないだろう。

10 「名消式」――名古屋の消防車はアイデア満載のオリジナル車両

消防車は1台1台が受注生産のオーダーメイドで、地域の特色などによってオリジナルの仕様にカスタマイズされるのだが、「完璧なオリジナル」にしてしまうのはかなり厳しい。

消防車には「標準仕様規格」というものが国によって定められている。これはポンプ車やはしご車など車種ごと、さらには同じ車種のなかでも装備やはしごの長さなどにより「30m級」「CD-Ⅱ型」などの分類がなされている。

こうした規格・分類は、全国に均一な消防力を備えるという目的と同時に、国庫補助金算定のためでもある。

先進の技術が随所に盛りこまれたハイテクカーで、さらにすべてが特注生産の消防車は、1台数千万から億単位になることも珍しくない。こうした費用を自治体だけでまかなうのは大変厳しい。

そこで、市町村での消防車購入費用の一部は国が負担できるという内容の「消防施設強化促進法」の第2条（国の補助）により、国庫補助を受けることはほぼ一般的となっている。だが、ここで問題なのが「算定方法」だ。

この型式の車はベースがいくらで、この装備をつけたらプラスいくら、つけないとマイナスいくら、といったぐあいに算定基準はパーツ構成やその素材などまで細部にわたって取り決めがある。国庫補助の割合は、規格準拠の程度により最大で1／3（特例では1／2）ほどの補助金が受けられることになる。

ところが、あまりにも自由にカスタマイズをしてしまうと、補助金が出なくなってしまう。そこで「基準の範囲内で細部をカスタマイズして地域の特性に合わせた仕様にする」という手段をとる本部などがほとんどだが、古い仕様では新しい装備が積載できないなどという問題点も多い。

現実問題として、基準にそぐわない最新装備の車がほしいのだが、補助金が……ということになる。

そんななか、まさに「地域に最適な消防車づくり」を実践しているのが、名古屋市消防局だ。同局の施設課装備係では、従来の仕様を用いることで補助を受けながら、その仕様を徹底的に改革。さらに新しい仕様や装備にかかるコストを別な部分の簡略化などで相殺し、予算面をみごとにクリアしている。

たとえば、「新装備を積むスペース確保」のために車体後部のはしごを埋めこみ式に変えて車長を抑えたり、給油時の手間はかかるものの燃料タンクを車の上につけ替えたりといった、斬新な手法が随所に盛りこまれている。

俗に「名消式」とも呼ばれる同局のこうした消防車には、最新の装備はもちろん、アイデアも満載なのだ。

11 全国で唯一、消防車を配備している警察本部とは？

一般的に考えれば、消防車は消防署や消防団などに配備されるものだが、なかには警察に配備されているものがあるのをご存知だろうか。

といっても、全国の都道府県警察に配備されている「放水車」のような車両ではなく、実際の消火活動に使えるポンプ車をもつ組織が、ただひとつ存在する。それが「皇宮警察本部」なのだ。

これは、日本の象徴である天皇陛下をはじめとする各皇族の護衛や、皇居・御所・御用邸などの警備を行なう国家機関で、火災などの際には初期消火活動にも携わる。

皇宮警察は、いわゆる警察署にあたる「護衛署」をもち、皇居・東宮御所などを担当する3署が東京に、また京都には京都御所・桂離宮などを担当する1署の計4署があり、こ

皇宮警察の消防車

（写真提供：里見信之氏 http://4travel.jp/traveler/norimono/）

の車両は各護衛署に2台配備されている。

さてこの消防車、いや正確には「警防車」と呼ばれるこの車、一般の消防車との違いは「車体のカラーリング」だ。「アイボリーをベースとした車体に赤のラインが入ったツートンカラーなのに、どう見てもポンプ車」というその姿は、実際目の当たりにすると、かなりの違和感を覚えるに違いない。

というのも、この警防車はあくまで扱いとしては「警察車両」であり、車体の前面にも消防章ではなく、警察のエンブレム「旭日章」が輝いている。

消火活動にあたるのは、皇宮警察の各護衛署にある警防係という部門で、専任としてではなく、警備の一環として消火活動を担当する。

だが、その活動は単なる片手間といった類いのものではなく、車両自体には、容量1トンの水槽、吸管、インパルス、泡消火装置など、きわめて標準的なポンプ車としての装備がほどこされている。

また警防係は、一般的な消防本部と同様の24時間勤務で4班による4交替制。各班は車隊長以下ポンプ車運転のスペシャリストである機関員2名、さらにほか3名の隊員から構成されている。

訓練も、ポンプ操法や資器材訓練など、通常の消防本部と同様のものを行ない、普段から貯水池の水利点検も実施しているほか、近隣の消防署との合同訓練も随時行なっている。

12 空港専用車「ハイパーカー」の驚異のパワーとは？

空港での火災は、ジャンボ機などの大型機が絡《から》んでくるだけに、当然、一般のものとは規模が違ってくる。そんな大規模な火災に立ち向かうのは、やはり「スツールが段違い」の消防車となる。

通常、国際線が航行する第1種空港に配備されているのは「空港用大型化学消防車」と呼ばれる「ハイパーカー」で、パッと見は意外にシンプルだが、その内側にはとんでもな

空港用大型化学消防車「ハイパーカー」

（写真提供：（株）モリタ）

い消防力を秘めている。

このハイパーカー、外見だけでも、秘めているパワーがうかがいしれる。写真ではわかりづらいかもしれないが、全長約12メートル（！）という車両は、一般的な消防ポンプ車が6～7メートルだから、倍近い長さとなる。車両を支えるタイヤも巨大で、1本数十万円はするといい、20～30センチ程度の障害物ならラクラク乗り越えてしまうツワモノだ。

性能については、まずは「驚異の加速性能」だ。空港火災には「火災発生から現場到着まで2分」という超迅速なレスポンスタイムが要求される。これは機体の燃料への引火を防ぐ意味でも死守しなければならない時間だ。そこで、空港の消防車はその巨体に似合わず、発車から20～30秒ほどで時速80キロに達する高出力エンジンを積んでいる。

さらにすごいのが、タンクの容量だ。通常のポンプ車であれば約2000リットル程度のところを、写真の空港専用車なら、なんと1万2500リットルだ。

当然、放水の量もハンパではない。一般の消防車にはない「タレット」と呼ばれる放射砲がついており、ここから化学災害向けの「水と消火薬剤の混合液」を、文字どおり「浴びせかける」のだ。

メインタレットでは1分間で最大6000リットルの放水が可能。これは通常のホース1本による放水の約3倍と、真近で見たときの迫力はかなりのものである。

残念ながら、実際の放水の現場を見ることはおろか、車両自体が特殊なために通常はまずお目にはかかれないだろう。

こんな頼もしい火消し役が、空港に待機しているということを、ぜひ覚えていてほしいものだ。

13 消火後の「水浸し」を防ぐハイテク消防車とは？

火災の消火といえば、「大量の水をホースでガンガン送りこむ」というのが一般的なイメージだ。それが火を消すうえでは最も基本的なスタイルだからだ。

ところで、無事火は消えたが、その後の現場はどういう状況になっているか想像できるだろうか。大量の放水により現場はもちろん、それが2階や高層階であったとしたら、当然下の階もおびただしい水浸しはまぬがれない。

やれやれ火事は治まったものの、会社の心臓部ともいえる顧客のデータベースが入ったコンピュータシステムが再起不能！　なんてことになったら一大事である。

消火における放水が、家財や家電製品などに与える損害を「水損」というのだが、多くのＯＡ機器をもつオフィスビルなどの火災では、この水損が想像以上に大きな損害となりうる。

実際、放水した水のうち消火に働くものはわずかに5～10％程度で、それ以外はほぼ水損の原因となってしまうからだ。

そこで、少し前からは放水を霧状にして水損を防ぐという高圧噴霧放水システムの「インパルス」や「フォグテック」などによる消火が行なわれるようになってきた。これは圧縮空気や超高圧ポンプなどにより、水を１００ミクロン以下の「ミスト（霧）」にすることで、少量でも大きな消火効力をもたせるようにしたものだ。

こうした工夫により、水損の被害も少なく、かつ消火の効率も以前よりはアップしたが、まだ「めでたしめでたし」とはいかない。この霧状の消火策でもまだ放水量の約30％程度しか消火には寄与しておらず、以前より少ないとはいえ水損の問題はまだ残っている。

そんな状況を打破した「OA化の時代の最先端消火装置」が、CAF3装置を搭載したポンプ車「Cafsper8」（モリタ製）だ。この装置は内部ユニットで水と泡消火原液を混合したうえで、水を8倍の体積をもった泡にしてしまうというものだが、1000リットルの水から8000リットルの消火泡を作り出せる。

これにより、少量の水で消火にあたれるのはもちろん、最大の特徴は「その消火効率が放出した泡の80％以上」と非常に高いこと、さらに泡がシェービングフォーム状のため、垂れ落ちることなく燃焼物を包みこむため、消火効力が高く火災後の対処も手早く行なえるなど数々のメリットがある。

この装置を搭載したポンプ車は、平成16年から（株）モリタによって販売されており、将来的には消火スタイルの主流を担うものとして、大いに期待されている。

14 全国で2台のみ、装甲車なみのいかつい消防車の秘密

一見して「これが消防車？」と疑いたくなるような、まるで「装甲車」のような外観が

印象的なのが、横浜市安全管理局が保有する耐熱救助車「スーパーファイター327」だ。

　雲仙普賢岳の噴火後に開発され、運用は1993年から。地震や台風などから危険物・化学物質などによる各種災害時に大活躍する。

　一般の消防隊が接近できないような状況下にあっても、隊員の安全を図りながら救助・消火活動が行なえる大変に貴重な1台なのだ。

　車体のベースはウニモグ（多目的自動車）を改良したTM150という「軍用車両」だ。その最大の特徴は名前どおりの「耐熱性」にある。

　車体には6ミリ厚の熱間圧延鋼板が使われ、その内側には5センチのグラスウールやアルミ板、セラミック不燃クロスなどが装備され、「これでもか！」と耐熱性を高めたつくりになっている。

　また、車内には1000リットル容量のタンクも装備しており、車体にある17カ所の噴霧ノズルから毎分170リットルもの水を噴射することで車体を冷却する。これにより、なんと600度（！）もの高熱に耐えられる。

　いかつい外観に見られるように、車体の頑強さもハンパじゃない。なにせ直径10センチほどもある石が100メートルの高さから直撃しても、びくともしない。

　すべての窓も8ミリのジュラルミンの防護板でがっちりガードできるうえ、タイヤには

装甲車なみの耐熱救助車
「スーパーファイター327」

（写真提供：横浜市安全管理局）

熱で溶けても走行可能な「コンバットタイヤ（二重のタイヤ構造）」を装備。

さらに、もともと開口部の少ない機密性の高い構造だが、搭載された空気ボンベにより車内の気圧を上げることで、毒ガスの侵入を防ぐほか、20種類以上の毒ガスに対応可能な検知器を装備するなど、有毒ガス対策も完備されている。

車内はかなり窮屈で、正直いって居心地はあまりいいとはいえないが、それはあくまでも「機能優先」で造ったからだ。

実際、２０００年に起こった有珠山噴火災害ほか、尋常でない高温な悪環境の現場など50件以上の出動実績がある。

ちなみに現在、この車両は全国に２台のみ。もう１台は北九州市消防局に配備されている。

15 なんと、水陸両用の消防車が実在した！

ふだんは陸上を走っている消防車も、イザとなれば「たとえ火のなか、水のなか」と勇ましくいきたいところ。だが「水のなか」まで飛びこむなんて、そんなSFマンガやスパイ映画みたいなことがあるわけがない。そう思いきや、これが実際にあった。

市川市消防局が1991年に、全国の消防機関で初めて導入した水難救助車は、なんと「水陸両用」の消防車なのだ。

西に江戸川、南には東京湾、さらに季節によっては内陸部での河川の氾濫も多い市川市では、その地理的条件から水陸両用車という特殊車両がどうしても必要だった。

この車、河川や海での水難救助についても自力で現場付近までかけつけることができるので、舟艇のように搬送の必要もなく、迅速な救助活動が可能なのだ。

そんな頼もしい消防車の名前は、「しぶき号」。この車両は、実はドイツ製の「アンフィレンジャー2800SR型」というワゴンタイプの4WDがベースになっており、最高速度は陸上で1400キロ、水上では約7ノット（12キロ）のスピードで活躍する。

水上走行時の抵抗を減らすために、フロントバンパーなどのない独特なフォルムをはじめ、車両後方下部につけられた水上航行用のスクリューや、船体となる車両下部には耐塩性をもつアルミニウムが使われている。

まさに一般の車両とはまるで異なる特殊車両なのだが、水密構造のためドアの開け閉めだけは、けっこうな力がいるという。

さて、水上航行にはスクリューを使い、前輪を舵に進むこの「しぶき号」だが、法規上では陸上走行時は自動車、水上航行時は船舶という二重の扱いとなる。

つまり、陸上だけなら普通免許のみでいいのだが、水上に出る際には3級船舶免許が必要となる。

さらに一般的な車検のほかに、いわゆる船の車検とでもいうべき船検（小型船舶検査）も必要となる。

そんな「しぶき号」なのだが、実は3年ほど前に廃車となり、現在では警視庁に同じ型の車が1台残るのみとなってしまった。

16 サリン事件で初出動した「特殊超大型救急車」の威力とは？

救急車は、現場から一刻も早く病院などの医療機関に「患者を搬送するための車」だ。

特殊超大型救急車「スーパーアンビュランス」

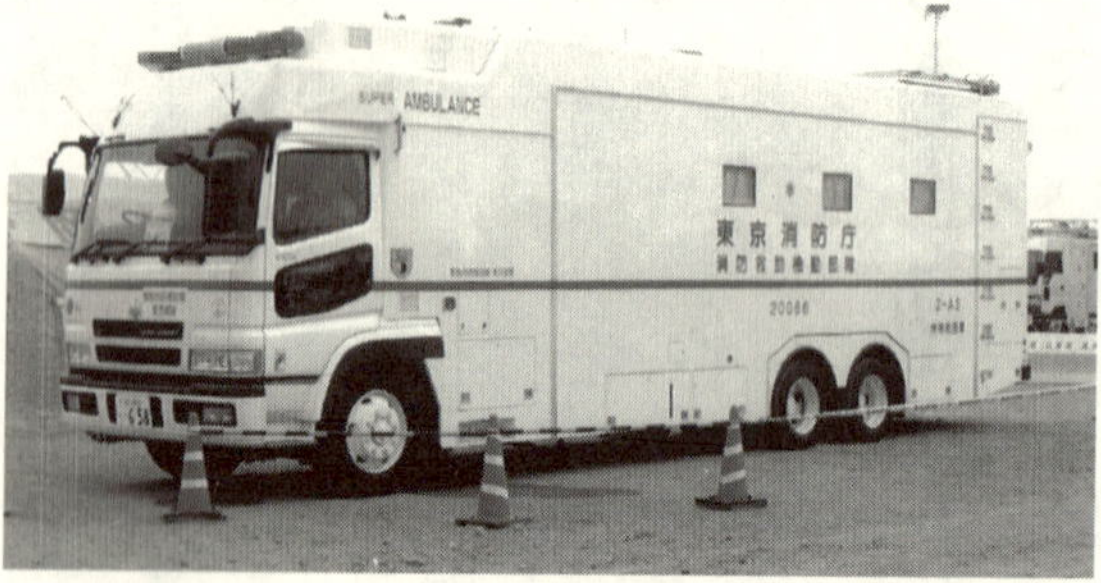

（写真提供：LIFE-SAVER 大橋忠泰氏）

1991年以降、医師法の改正により、救急車内での応急処置が可能になったとはいえ、ベッドの数も3床が限度で、積載できる救命用具にも限りがある。

だが「走る救護所」とでもいうべき型破りの救急車が存在する。それが特殊救急車「スーパーアンビュランス」なのだ。

東京消防庁の消防救助機動部隊「ハイパーレスキュー」に配備されている同車は、およそ救急車の概念を超越した1台といっていいだろう。

10トン級の大型トラックをベースとした全長11メートル、高さ約4メートルの車体はもちろんだが、最大の特徴は後部の患者室を左右に広げることで、なんと最大約40㎡のフラットな床面積を確保でき、最大8床ものベッドが設けられる大型車両なのだ。

地震や航空機事故などの災害対策として、1994年10月から配備された同車は、かつて大惨事を巻き起こした「地下鉄サリン事件」で初陣を飾っている。

多数の傷病者が発生する大規模災害現場での仮救護所の中核として働くため、作業照明塔や、さらに感染症患者搬送用カプセル型ストレッチャー（アイソレータ）の装備など、特殊災害用対策も随所にほどこされた、まさに「特殊救急車」と呼ぶにふさわしい1台なのだ。

17 30〜35メートル級のはしご車が主流となった理由は？

古来、人間は本能のひとつとして「より高く」ありたいという欲望を目指してきたように思う。たとえば建築の世界だ。「文明の進歩は高層化にあり」といわんばかりに、世界じゅうで高層建築の高さの競争に躍起となって挑んできた。

現在、世界一のノッポビルといえば地上101階、高さ508メートルを誇る台湾の高層ビルで「台北101（台北金融大楼）」だ。日本一の「ランドマークタワー」（横浜）が296メートルだから、いかに高い建物かがわかるだろう。

建築物の高層化の歴史は、日本では1963年の建築基準法改正によって始まったともいえる。

この改正により31メートル以上の建物が解禁されたことから、大都市圏以外の地方都市にも高層ビルの建設ラッシュが始まった。

これにより、はしご車の普及に拍車がかかるとともに、高層化する建物に対応せざるをえなくなった。

それまでせいぜい30メートル程度だったはしご車が、各消防本部間で「はしご」の高さ競争へ突入するようになる。

特に競争が激化したのは1970年代で、「隣の署よりも1メートルでも高いものを」といったものから、ズバリ「日本一高いはしご車」へとエスカレートしていった。

そうした要求をつきつけられた各消防車メーカーは、「数十センチ単位のレベルでの開発」に邁進し、1984年に約49メートルのはしご車が造られるまでにいたった。

しかし、何事にも限界がある。結局、この高さで競争は「終焉」を迎えることになる。その理由はいくつかあるが、当時最も大きな問題となったのが「使い勝手の悪さ」だった。50メートルクラスのはしご車ともなると、それを支える「土台」である車体の大きさや構造が問題となった。

その当時の日本の道路事情は、ただでさえ狭い通りが多いうえ、渋滞なども頻発した。当然、現場までの道のりはもちろん、到着してからの駐車スペース確保など、さまざまな面で多くの支障をきたしてしまう。

かつて流行《はや》ったCMではないが、こと消防車に関しては「大きいことはいいこと」ではなかったのだ。

その後の建築基準法の改正により、建築物の11階以上（35メートル級はしご車が届くのはおよそ10〜11階）には、スプリンクラーなど消防設備の設置基準が強化されたこともあり、現在では30〜35メートル級のはしご車が主流となっている。

つまり、火災のとき頼りになるのは、一概にはいえないが、10階以下ならはしご車、11階以上なら強化された防火設備となるわけだ。

さて、階を選ぶとしたら、あなたならどちらの階を選ぶ？

18 「高性能はしご車」に隠された意外な最先端技術とは？

昔から「物事の本質」を究めた場合、その答えは意外に単純な場合が多いが、消防の本質とは何かといえば、消火活動はあくまでも「ひとつの手段」であり、最終的な「目的」

は「人命救助」にある。

この「いかに早く人を救い出すか」という消防の最大の目的である使命にもとづき「最先端技術を盛りこんだ、ある消防車」の開発に取り組んできたのが、日本トップクラスの消防車メーカー「モリタ」だ。

その車とは、見た目は「ごくフツーのはしご車」なのだが、いったいその車のどこに最先端技術が施されているのだろう?

この疑問の前に、まずは「はしご車」についての基礎的な解説をしておきたい。

日本にある10数社の消防車メーカーのうち、はしご車を造れる技術をもつメーカーはモリタを含めほんの数社、特に主流の30メートル級以上ともなると、モリタと日本機械工業の2社しかないといわれている。

このはしご車で、技術的に何が最も困難かというと、やはり「走るロボット」ともいえるさまざまなメカニズムの部分かな、と思いきや、実は「梯体《ていたい》」と呼ばれる、いわゆる「はしご」の部分なのだ。

救助者や隊員の安全を考えれば、より強度をもたせるようにするべきだが、それでは重くなりすぎてしまい、はしごの伸びる速さが遅くなるうえに、車体そのものにも影響が出てしまう。

かといって、軽くするだけでは人命に関わる事故にもつながりかねない。こうした問題をクリアしながら精度の高い梯体が造れるのは先進国だけで、事実、東南アジアや中近東など多くの国は日本のはしご車を輸入している。

さて、すでにおわかりのことと思うが、そう、モリタが開発したはしご車とは、構造や材質など梯体の強度はそのままながら大幅な軽量化を図った「高性能はしご車」なのだ。

軽量化への技術やデータは企業秘密で公表できないものの、これはいわば「はしご車の革命」といっても過言ではなく、その最大の成果は人命救助にいかんなく発揮される。

はしご車の使命は、被救助者のところまでいかに早く安全にはしごを伸ばすかだが、同車のもつ軽く丈夫なはしごは、従来と同じ動力でも伸縮のスピードが格段に速くなり、より多くの人をスピーディに助け出すことを可能にした。

まさに「はしご車のトップメーカー」として永年の知恵と経験と努力から生まれた「究極の最先端技術」が発揮された1台といえよう。

こうしたトップメーカーの知恵と経験と努力があってこそ、「究極の最先端技術」が発揮される。

現在、国内では東京消防庁に3台配備されているこの車両だが、今後、はしご車の主流となっていくことが期待されている。

19 日本の「はしご車」の高さの限界が50メートルの理由

世界一高いビルは台湾のビルと述べたが、実は30年以上も昔に、この高さをはるかにしのぐ超高層建築があった。

その名は、サンフランシスコ郊外にそびえ立つ「グラス・タワー」だ。そのビルはなんと138階建て！といえば、「なんだ映画の話だろう」と気づいた方も多いかもしれない。そう、これは1974年に発表された、高層ビル火災をテーマに全米で大ヒットを記録した映画「タワーリング・インフェルノ」に登場した建物なのだ。

この映画、メインキャストにポール・ニューマンやスティーブ・マックイーンなど大物俳優を起用したことでも有名だが、なんといっても主役はこのビルだろう。映画では81階の配電盤がショートしたことが火災の原因となった。

それはともかく、現在世界で一番高いはしご車はドイツ製で、約53メートルだ。ただし、「スノーケル車」、別名「屈折はしご車」や「空中作業車」と呼ばれる車両は、約88メートルまで届くフィンランド製のものがある。

通常のはしご車が1本のはしごを伸ばしていくのに対し、これらのタイプは数本のアームが組み合わさった「折りたたみ式」だ。伸ばした状態からの横へのスライドが簡単に行なえる自由度が高く、電線の多い日本などではもってこいの車両だといえる。

さて、それでは「高さの限界」はいったい何メートルになるのだろうか？　極論すれば「高さには限界がない」というのが、理論的には正解だろう。ただし、問題は、はしごの長さより土台（車両）のほうだ。土台である車体が極端に大きくなった場合、使い勝手が悪くなる。それに法律上の問題も関係してくる。なかでもネックとなる一番の問題が「車体の重さ」だ。

道路交通法では「車体重量が20トンを超える車両」について、高速自動車国道や国・自治体などの道路管理者が指定した道路以外を通行する際には「特殊車両通行許可」を受ける必要があり、さらに連結車両以外の単車は総重量が25トンを超えてはならない――と厳格に決められている。

はしご車の重さは50メートル級で約21～22トン、そこにオプションがつくと軽く25トンに達してしまう。

つまり、日本では「道路事情および法令」を最大の理由として、はしご車の高さはせいぜい「50メートル」が限界ということになる。

20 はしご車に限って「大は小を兼ねない」のは、なぜ？

はしご車の「はしご」が、単に長ければいいというものではないことはおわかりになっただろう。だが、これ以外にもれっきとした理由がある。

はしごが届く範囲は、当然のことながら、はしごの長さで決まるが、消火作業や救助作業の範囲は、はしごの長さによって実は大きな差が生じるのだ。「40メートル級のはしご車が届く範囲」と「30メートル級のはしご車が届く範囲」は、共通する部分はあるものの、「それぞれでしか届かない範囲」というものができてしまうのだ。

その最大の理由は、「はしごの重量」からくる問題だ。30メートル級のはしご車で届くところを、40メートル級のはしご車を用いた場合、「はしごの重さ」と「車体の重さ」のバランスが非常に不安定になるからだ。

このように、必ずしも高所に有利な50メートル級のはしご車が常に有利とはならず、それぞれのビルの高さに見合った〝はしご車〟を活用することになる。

はしご車に限っていえば、「大は小を兼ねる」という〝ことわざ〟はあてはまらないことになる。

21 日本に海外ブランドの消防車が少ないのは、なぜ？

緻密で精巧なメカニズムをもつ消防車を造れるのは、ある意味「先進国の特権」ともいえる。事実、中国、韓国からタイ、インドネシア、さらにイラクやサウジアラビアなどのアジアや中近東などへ日本の消防車が輸出されている。

特に、はしご車などの大型車を製造するには、協力するパーツメーカーの充実や製造ノウハウの蓄積など、産業自体のバックボーンが整備されたトータルな消防車づくりの環境が不可欠だ。

そこで、海外市場で根強い人気を誇る消防車は、やはり「欧米のブランド」だという。確かに消防車づくりの先陣を切った、パイオニア的存在であることは間違いなく、実際、日本初の消防車も外国製だった。

では、日本での「海外ブランド」の人気はというと、国内の技術レベルが進歩した現在では、あまり芳しくない。海外メーカーの車両を扱う日本の代理店はあるものの、あまり導入台数が伸びていないという。

使用部品の流通ルートが確保されていないことや、燃費の問題、さらに車体の規格（大

人気のマギルス製はしご車

（写真提供：LIFE-SAVER 大橋忠泰氏）

きさ）が日本の道路事情に合わないといったところが主な理由だ。特にホースなど国内の資器材との相性が悪い「ポンプ車」は、全国的にもほとんど外国産が導入されていない。

そんななか、比較的人気が高いブランドのひとつに、西ドイツの「イベコマギルス社製はしご車」がある。

これは海外モノのわりに小柄な車体もさることながら、1980年代前半の導入当時は、「下に伸びる国内唯一のはしご車」という話題性もあり、全国的に普及が進んだ。

だが、こうした機能を国産メーカーが採り入れてからは、購入台数も減っている。

IT、ファッション、医療などの分野で海外ブランドにシェアをとられている日本だが、消防車に関しては「国産モノ」が圧倒的に強いようだ。

現在、最新型の外国製消防車が導入されるケースとしては、かつてない「最新装備の車両」か「メーカーからのプレゼント（寄贈車）」ぐらいのものらしい。

22 中越地震のレスキューでも活躍の「高度救助資器材」とは？

有名なあるスパイ映画のシリーズ作品には、独自のハイテク機器が数多く登場する。映画では自動車の遠隔操作から電子ロックの破壊までOKという「万能携帯電話」や「X線の双眼鏡」、さらには「スロットマシンを大当たりさせてしまう電磁装置」などなど、思わず「欲しい！」といった感じのアイテムが目白押しだ。

そんな数々の秘密兵器とは少々異なるものの、見劣りしないのがレスキュー隊の「高度救助資器材」だ。これは震災などの特別な状況下で威力を発揮する救助アイテムで、阪神・淡路大震災を契機に、整備がより活発に進められている。

記憶に新しい新潟県の中越地震で、倒壊した建物や土砂などの下敷きで生き埋めになった生存者が救出されたが、そのときにこれらの器材が使われた。

あの劇的な救助シーンのなかに登場した、「シリウス」「ボーカメ」などのアイテムは、

「シリウス」（左下）と「ボーカメ」（右）

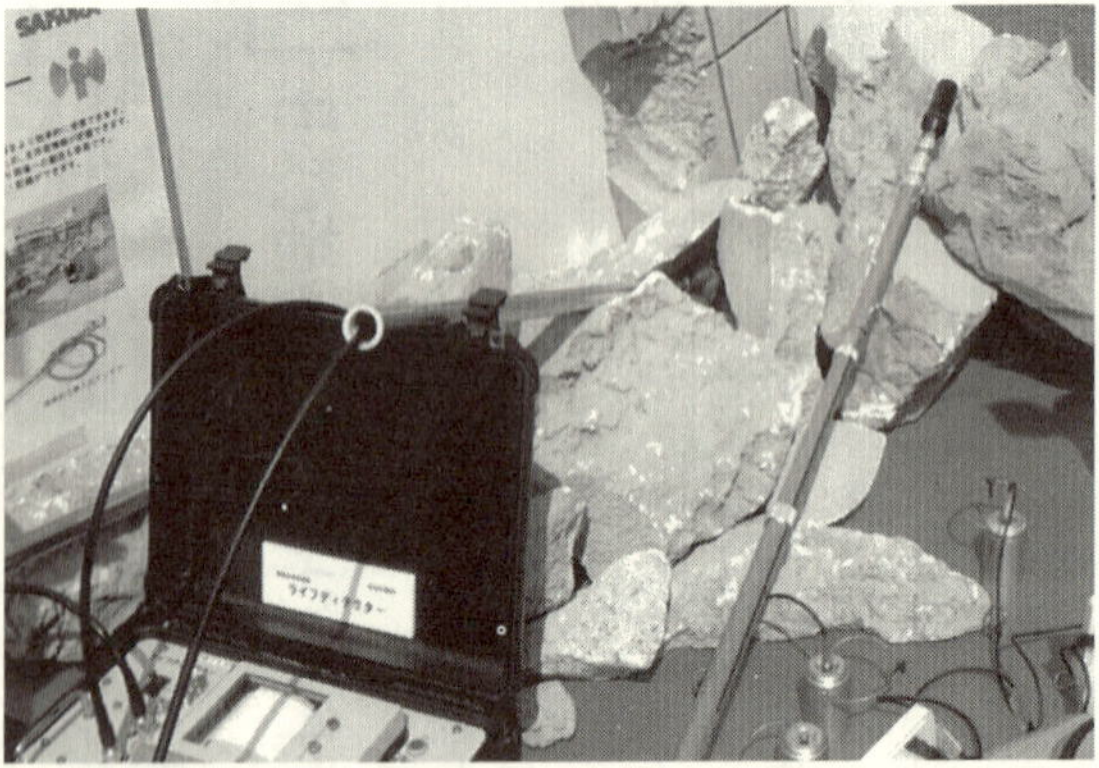

（ヨコハマセーフティフェア'06にて）

当時のメディアで紹介されたことから、一時は全国区でその名が知られるようになった。

ちなみに、この2つの名前はともに商品名で、正式な器材の名称はそれぞれ「電磁波探索装置」「画像検索機Ⅱ型」という。

「シリウス」は電磁波の反射波形から、瓦礫や土砂などの下に埋もれて見えない要救助者の存在を確認する装置だ。しかも、呼吸による肺の動きにも反応することから、生命体が人間か動物かということまで判別できる。

「ボーカメ」は、読んで字のごとく、「棒」の先に「カメラ」がついている装置だが、そこは「高度救助資器材」の面目躍如、ＣＣＤカメラのついた伸縮自在のポールは最長で４メートル以上も伸び、モニターでカラー画像が確認できる。

水中での使用はもちろん、画像の記録も可能なうえ、マイク・スピーカー機能内蔵で、「わずかな音の聞き取り」「要救助者への呼びかけ」など、会話にも使用可能なのだ。

ほかにも、P波と呼ばれる「地震の初期微動」を感知すると警報を発する装置や、生存者の吐き出す二酸化炭素を検知して探索を行なう機器など、ハイテク満載のアイテムが日々開発されている。

23 災害現場で活躍する隊員たちを支える「給食車」とは？

日々厳しい訓練に励み、イザというときは取るものもとりあえず決死の覚悟で消防・救助にあたる。

そんな勇ましい精鋭集団は、まさに戦場に駆ける現代のサムライだ。

重装備の防火服を着こんで、放水や要救助者の探索を行なう。あるいは瓦礫の山をかき分けて進み、懸命に要救助者を救出・搬送する。消防の仕事は想像以上にハードだ。

とくに災害などで長期戦になってしまった場合、精神的にも肉体的にも疲労が極限に達する。

そこで、肉体的にどうしても必要となるのが、隊員の食事や水分補給だ。大災害の現場

食事や水分補給をする「給食車」

（撮影協力：千葉市消防局）

では、水道はもちろん電気やガスも機能していないことが多い。

そんな状況では、食事はおろか水分補給すらままならない。

このような非常事態では、効率のいい消火・救助活動はとうてい不可能。

まさに「戦場」ともいえる災害の現場で、「腹が減っては戦ができぬ」と、逼迫した状況を解決してくれるのが「給食車」だ。

なにやら学校給食の配膳サービスカーのような名前だが、発電機と水タンクを搭載し、コンロなどの厨房設備も完備され、カップめんやレトルト食品など、必要最低限の食事を供給してくれる。

救助活動がさらに長期化し、幾日も昼夜を問わずの状況になった場合には、簡易ベッドからトイレやシャワーまで完備した「支援車」という車両も登場する。

24 放水で消火不能なときに活躍する「化学車」の威力！

現在、年間に起こる火災の約半数以上が建物の火災で、さらにその60％が住宅の火災となっている。だが、こうした一般的なものとは異なる火災も、増加の傾向にある。

といっても、それほど特殊なケースではない。交通事故による車両火災や、特殊な建材を用いた建物の火災など、市街地でも十分起こりうるものだ。ではいったい何が「異なる」のかというと、それは「燃えるものの種類」だといえる。

木や紙などと違い、油脂や化学薬品などの火災は、通常の「水」による消火活動では消えるどころか、より被害が拡大する恐れもある。

燃えあがった「てんぷら油」に水をかけた瞬間、炎が勢いづいて天井まで燃えあがる。そんな経験をした主婦の方もおられるだろう。

家庭のてんぷら油程度なら、家庭用の消火器でも十分に消火できるが、これが車両火災などで多量のガソリンに引火した場合や、さらには大規模な工場や石油コンビナートなどが火元となると、放水などでは太刀打ちできない。

最も多用される「普通化学車」

（写真提供：東京消防庁）

　そこで登場するのが「化学車」だ。昭和30年代に誕生したこの車両、当初は工業地帯付近や大都市の消防本部にしか配備されていなかったが、交通量の増加などにともない市街地の消防署にも配備が進むようになった。

　化学車には、その性能に応じて型式があり、大きく「軽化学消防車」と呼ばれるⅠ、Ⅱ型と、Ⅲ～Ⅴ型や大型、甲種などの「重化学消防車」に分けられる。なかでも全国で最も台数の多いⅡ型は、市街地でも目にする機会が多い車両だ。

　消火に使われるのは「水と特殊な薬剤の混合液」で、要は「洗剤みたいな液剤」と考えればいい。仕組みとしては、装備された混合装置で「水」と「薬剤」を混合・発泡させ、その泡状の消火液をポンプで放射するというもの。

混合は最適な比率を自動的に制御する「ポンププロポーショナー方式」により、「ワンタッチでOK」となっている。

今でこそ便利になった混合・発泡だが、誕生当初はすべてが手動式で、各種メーターを見ながら熟練した機関員がバルブを操作する、といった職人技を要する作業だったようだ。

25 「1台でいろいろな用途に対応できる消防車」が増えている理由は？

各自治体の消防本部が「新しい消防車」を購入する場合、通常はこれまで使っていた車両の寿命などで「買い替える」というケースが多く、新たに違う種類の車両を増やすというパターンは珍しいこととされている。

これについては、第一に「運用スタッフの不足」という問題が大きい。東京消防庁など大規模な消防本部なら可能かもしれないが、地方の小さな本部では職員数も少なく、これまでなかった車両の運用に携わる職員を配置するのは非常に困難だからだ。

だが、環境や社会などの変化にともなって災害も確実に進化している今の時代、これまでになかった車種の消防車を増やす必要性は年々高まっているともいえる。

しかし、人員の問題もそうだが、寿命で更新しなくてはならない既存の車種も買い替えねばならず、今度は予算的な面でも問題が残る。そんな状況を打破する手段のひとつが、近年導入されることの多い「複合用途車」。

これは、要するに「1台でいろいろな用途に対応できる消防車」のことで、例としては「タンク車」に救助用の資器材を積んで、「救助工作車」に準じた運用を行なうといったぐあいだ。

こうしたスタイルをとることは、消防車購入の際の国からの補助金に関してもメリットがある。といっても、2台をまとめたから「2台分の補助が出る」なんてことはなく、受けられるのはどちらか一方の分だけ。

ではメリットはというと、消防車購入時の補助金が「すべての車種に設けられているわけではない」という点がポイントだ。

レスキュー隊などが用いる救助資器材を積載した「救助工作車」、通称「救工車」は、一番小さいタイプのI型では補助枠がないため、購入の際は全額自治体の負担となってしまう。

全国でも主流となるII型は、補助金の対象となっているが、地方など道路が狭い地域では、小回りのきくI型は大きな魅力。

そこで、裏ワザ的手段のようだが実はごく一般的に用いられているのが、サイズが同じで補助金対象の「CD－I型」というポンプ車に救助用の資器材を満載するという方法。

こうすれば、2台買うよりも安いうえに補助が受けられるので、当然、自治体の負担は減ることになる。

補助金の制度は、消防車の「型式」や「仕様」に対していくらというものであり、その運用方法は問われない。つまり、ポンプ車として買った車両をポンプ車と救工車に使い分けても全然問題はない。

災害への対応から、コストやスタッフの問題まで、多くの要因から、複合用途車は今後も普及していくと思われる。

26 日本初の消防車は90年以上前に輸入された！

日本人は舶来モノに弱い。これは昔からほぼ変わらない傾向であり、海外のタレントやブランドなどは、今も昔も大人気だ。

「そんなの女性だけだよ」という男性諸氏、ブロンドヘアにマリンブルーの瞳の美人が横を通りすぎたら、思わず振り返るのでは……。

明治42（1909）年に導入された
英国製手引き蒸気ポンプ

（消防博物館蔵）

日本の産業や工業、医療なども、外国の技術を追い求めることで成しえてきたものだ。今でこそ先進の技術大国ニッポンだが、その根底には海外からの影響を受けてきた歴史が脈々と流れている。

消防の世界も例外ではない。日本初の消防車が大阪に配備されたのが、1911（明治44）年で、これはドイツから輸入されたベンツ製だといわれている。

それまでの消防活動は「ガソリンポンプ」という、要するにガソリンを動力源とするポンプに車輪がついたもので、それ以前の蒸気ポンプよりははるかに高性能だった。

しかし、「ガソリンポンプ自体を移動する動力源」は「人力」であったため、消火隊が駆けつけるまでにはかなりの時間がかかり、現場に着いたころにはすでに手遅れという状況も珍しくなかったようだ。

日本初の消防車は、こうした問題をクリアする大きな切り札として登場した。

その後、1914（大正3）年に横浜市、名古屋市に「日本初の消防ポンプ車」が輸入されて以来、世界からさまざまなポンプ車が輸入され、日本における「消防車の時代」が到来するのだ。

さて、それでは日本が初めて製造した消防ポンプ車というと、通常私たちが目にするポンプ車、すなわち今の一般的な消防車とは少々異なる「蒸気ポンプ（可搬ポンプ）」を搭載した車両だった。

正式には「積載車」と呼ばれるもので、このスタイルの車両は、「消防団」などをメインに火災現場で今でも現役で活躍している。

27 水資源を無駄にしない「地球にやさしいエコ消防車」とは？

近年、さまざまな業種・業界で注目されているものといえば、地球環境にやさしい企業活動、いわゆる「エコロジー分野」だろう。

最近では食品、流通、医療など幅広い業界で、地球温暖化防止対策やＩＳＯの取得など

エコマーク認定の消化器

（エコビーナスME-10（L）　写真提供：（株）モリタ）

積極的な運動が行なわれている。

そんな流れは消防業界も例外ではない。そのひとつが、日本の消防メーカーのリーディングカンパニーである「モリタ」の「地球にやさしい消防車」だ。

といっても、これは特定のエコ車種があるというわけではなく、オプション装備としてオーダーによって各種の消防ポンプ自動車に取りつけられる「ある装置」のことだ。

現在、ほとんどの消防ポンプ車は過酷な使用にも耐えうるよう、エンジン冷却用に「サブのラジエーター」が装備されているが、ここで使われた冷却水は、通常の消防車ではそのまま地面に放出される仕組みとなっている。

しかし、これでは貴重な水資源が「垂れ流し」状態となるうえ、消火作業中の車両付近も水浸しとなり、特に寒冷地などでは消火活動に大きな支障をきたすことも少なくない。

この問題を解決するのが、冷却水還流装置「エコサークル」だ。

冷却水を吸水配管に戻すことで、これまで地面に放出していた水を消火水として再利用できるようにしたこの画期的なシステムは、まさに「人に、そして地球にやさしい」ものだといえる。

このほかにも、同社では衛生車や資源ごみ分別車などの「エコノスシリーズ」と呼ばれる環境保全に役立つ車両の製造も行なっている。

また社内に環境事業部を設け、リサイクルプラントや、ごみ処理機の設計・製造・販売からコンサルティングまで、リサイクル事業全般を支援する動きもとっている。

「エコビーナスシリーズ」という自社ブランドの消火器は、再生粉末消火薬剤を40％以上使用するなどリサイクル基準を満たした「エコマーク認定商品」だ。

さらに独自のルートで、「不要消火器の回収から再利用および肥料化」といった「商用化」も実現している。

2001年にはISO（国際標準化機構）9001（品質マネジメントシステムの国際規格）も取得した同社は、「人と地球のいのちを守る」というスローガンを企業活動の基本方針として、さらなる躍進を続けている。

PART2 「消防車・救急車」の謎

28 普通免許でも消防車が運転できるって、本当？

自動車の運転には免許が必要なのは、当たり前のことだ。免許を持っていれば、しかもそれが制限以内であれば、誰でもどんな車種でも運転することは可能だ。

では、消防車はどうだろう？ 火災などの緊急時にのみ出動する特殊車両、そんな乗り物を運転するには、いったい、どんな特殊免許が必要なのだろうか？

正解は……実は「特に何も必要ない」のである。要するに、道路交通法にもとづき、公安委員会から交付された「通常の運転免許証」があればいい。

道路交通法的にみると、ポンプ車や救急車は第1種、いわゆる普通免許でも十分なものが多い。これが、はしご車クラスになってくると、大型免許や大型特殊免許が必要となる場合もあるが、とにかく一般的に交付される免許で十分だ。

とはいえ、それはあくまで「単に運転して走らせるだけ」の話である。赤色灯をつけてサイレンを鳴らし現場に急行するといった、まさに「消防車たる運転」については、普通免許はもちろんのこと、道路交通法で定められた「緊急自動車運転資格」が必要となる。

また、現場付近の消火栓や防火水槽の位置の把握や、現場到着後は当然だが消防ポンプの操作も行なわねばならない。これも「単に水を送っていればOK」なんて単純なものではなく、複数の計器、ホースの張りぐあい、エンジン音などを監視しつづけ、さらに消防車周辺の野次馬にも気を配るというように、五感を総動員しなければならない大変な作業なのだ。

ある関係者によれば、消防作業に没頭していたら野次馬が勢いあまって防火水槽にドボン！　なんていう事態になりかけたこともあるとか。

このため消防自動車などの機関員になるには、東京都など政令指定都市にある大規模な組織では専用のカリキュラムによる選抜試験や集中研修が、また小さな組織でも何らかの研修は必須となるなど、各消防本部に基準が設けられている。

その内訳は、消防ポンプの操作などの機関運用は日常の訓練や消防学校の専門課程で、緊急走行については専門の研修施設でそれぞれ鍛えるといったぐあいだ。

ちなみに、高速走行に赤信号突入と「危険のオンパレード」のような緊急走行時の消防自動車だが、当然のことながら一般車に比べるとその事故率は著しく低い。これについては法令上優先権があるからというより、高速走行やパニック対応といった緊急走行時の特殊な訓練を受けた機関員が運転しているからだ。さらに隊長以下同乗者全員が常に安全確認にあたっているからだともいえる。

幹線道路の交差点に赤信号進入するときなどは、まさに目を皿のようにして「集中の極致」状態が続くという。

実際、優先とは名ばかりで、消防車が真後ろにいても気づかない車や、とんでもない動きをする車が少なくないのだ。一般ドライバーのみなさんには、機関員の極度の緊張を少しでも緩和する運転をぜひ心がけてほしいものである。

29 個人でも消防車を買って道路を運転できる!

消防車は個人でも買えるのか? ―― いきなり結論から入るが、これが「買える」のだ。ただし「公共的な機関」で使われている車両を個人で購入するとなれば、当然のことながら条件がいくつかつく。それ以外はとくに問題がなく、購入するための資格や手続きや特殊な免許などはいっさい不要だ。

それでは、その条件とは何か? なんのことはない、要は「買えるだけのお金」があればいいだけだ。あとは通常の免許証があれば、あの朱色の消防車で一般の道路が運転できるのだ。

というわけで、ン千万円のお金を払ったあかつきには、赤い消防車で爽快にツーリングが楽しめる。なぜなら、その「消防車」はまだ「一般車両」でしかないからだ。

一般の自動車には国土交通省令の「道路運送車両の保安基準」により、「緊急自動車の警光灯」を備えることはできず、また警音器も「サイレンまたは鐘」であってはならない。

一般の自動車から正規の消防車、つまり「緊急自動車」にするには、まず初めに「公安委員会」へ届けを出し、「緊急指定」の登録をする必要がある。

それでは届け出ればいいのかというと、残念ながら登録はまず不可能だといえる。緊急自動車の証である「緊急自動車届出確認証」の交付は、自治体や消防団なら問題ないが、民間については「地域の防災に貢献・協力できる」かどうかなど、きわめて厳密な審査が待ち受けている。

たとえ「公共的な機関」である企業でも難しいのに、単なる個人ユーザーではほとんど問題にならない。

万が一、緊急指定の登録ができ、サイレンと警光灯がつけられたとしても、それを使用できる機会は100%ないといっていい。

登録は単なる「初めの一歩」にすぎないからだ。ランプをつけてサイレンを鳴らしながら走るためには、さらに「道路交通法」により規定された「運転の目的が消防など緊急の用務」で、しかも「使用者が公共的な機関」でなくてはならない。

ここまでくると、個人ユーザーには手も足も出ない。

ところで、気になるのが「実際に購入した物好きは？」という点なのだが、メーカー各社や関係団体にたずねたが、どうも「いるらしい」という曖昧な返答だけで、具体的な人物名などは不明だ。

30 消防車1台のお値段は？

次の乗り物のうち、最も価格の高いものはどれだろう。
①山の手線（東京）　1両
②メルセデス・ベンツCLK-GTR　1台
③はしご車（35メートル級）　1台
ちなみに①の「山の手線」は全長20メートルと③の「はしご車」の倍近い大きさであり、②の「ベンツ」は「日産マーチ」「トヨタヴィッツ」などのコンパクトカーとほぼ一緒の大きさだとする。

となると、なんとなく「山の手線」っぽい気もするのだが、正解は「ベンツ」で、そのお値段、なんと1台2億5000万円（！）。

実はこのベンツ、世界一高額な車といわれており、かつて日本の有名ミュージシャンが購入したことで話題にもなった。

では第2位はというと、これが「はしご車」だ。その価格をいう前に、まずは第3位の「山の手線」から先に説明しておこう。

「山の手線」の価格は1両で約1億円。どの車両かといえば、「E２３１系」という山の手線ほか中央線や総武線（いずれも東京）など色違いで運行されている車両だ。

それでは「消防車のお値段」は、となるが、大前提として消防車の値段には「定価」というものが存在しないのだ。消防車は1台1台がすべてオーダーメイドであり、発注先の各消防団体によって細かな仕様や装備が異なってくるからだ。

こうした点を考慮したうえで、先のランキングで第2位に入ったはしご車（35メートル級）の場合は、およそ1億５０００万円。30メートル級なら1億３５００万円前後。ちなみに、消防車のなかで最も高価な車両は「空航用大型化学車」。大きさにもよるが、最低でも1台3億円前後が相場のようだ。

これに比べれば断然安いのが、最もポピュラーなタイプの消防車である「ポンプ車」。はしご車同様、金額の幅はあるものの、一般的な装備の車両の最低価格としては、およそ１５００万円もあれば十分で、水槽タンクつきの「タンク車」でも３５００万円くらいからとなっている。

さて、値段の話でいけば、パソコンやテレビなどの画期的な新商品は従来のものよりも高額な場合が多い。それは研究・開発などの費用がかかっている分などが含まれており、ある程度しかたのないことだが、消防車の場合はそうはいかない。

これは、購入先のほとんどが自治体などの公共団体のため、毎年の予算に大幅な変動がないことから、現状の相場を超えた金額設定が難しいからだ。

31 消防車の平均寿命って、どのくらい？

車の寿命は、「走行距離」や「走行年数」を基準に考えられることが多い。普通乗用車などでは、10万キロくらいが一般的な「買い換えの目安」となるようだ。年数的にみると約10年というところか。

ただ、これはあくまでも「買い換えの目安」であり、寿命とまではいいづらいところがある。たとえば、総走行距離の長い車のひとつであるタクシーの場合、個人のものでは例外もあるが、たいていは50万キロ程度まで使用されるという。

大手のタクシー会社の場合、25万キロ程度まで使われたのち、系列のタクシー会社や中古車業者に流れ、そこからさらに地方のタクシー会社で運用されたり、ちょっと変わった場所としては、「自動車教習所」で活躍したりするというケースも多いようだ。

こうしたことも踏まえ、車の「寿命」という点を考えた場合、あるディーラーの話では「だいたい20万キロ程度が妥当な線なのでは」と説明する。

ちなみに、ギネスブックによると、トラックやバスなどを除いた「世界一長い走行距離の車」は、66年式のボルボＰ１８００というスポーツカーで、その距離なんと３６０万キロという、とんでもない記録が認定されている。

では、消防車の寿命はというと……使用頻度を考えた場合、その走行距離は一般の車に比べて断然少ない。さらに、数千万円から億単位もする車両だけに、その年数もかなりの長さになるのではとも思えるが……結論からいうと、ポンプ車で約15～20年、はしご車なら約20～30年というのが「消防の世界での寿命の目安」だ。ある意味で「一般の車とほぼ大差ない数字」だといえる。

「そんなに走らないのに、なぜ?」という感じもあるが、これは消防車のエンジンが「走るためだけにあるのではない」というのが最大の理由だ。

消防車のエンジンは、放水ポンプのモーターを回すなど、その駆動力をさまざまな装備に使える特殊な設計にもなっている。放水時には「停車しているのに走行中なみのエンジンフル回転」などという状況が当たり前なので、単純に走行距離で寿命を測ることはできないのだ。

そこで消防車には、タコメーターと連動して「エンジンの運転時間」を記録する「アワーメーター」という計器がつけられている。走行距離からはわからないエンジンの奮闘ぶりは、この数字を見れば一目瞭然というわけだ。

寿命になったら買い換えることになるが、ある消防車メーカーの営業マンによると「はしご車は一生に1台売れればラッキー」だそうで、「大手のメーカーでは状況が違うかもしれないが、億単位で最高30年近く使われるはしご車は、入社してから1台も売らずに退職していく営業マンも珍しくないですよ」と話す。

32 消防車のオーバーホールは、ネジ1本まで完璧にバラす！

現在、技術の進歩などにより消防車の寿命が伸びているが、この背景には点検・整備といった、いわゆる「オーバーホール」が定期的に実施されていることも重要なポイントだろう。

人間も身体に不調があれば病院に行き、定期的に人間ドックにかかり、身体の点検も行

部品をバラバラに分解し、チェックする

（写真提供：（株）モリタ）

なうが、消防車とて同じことだ。

　車種や仕様にもよるが、オーバーホールの目安はおよそ7～10年に1度のスパンで行なわれる。

　なかでも特に必要性が高いのが、「はしご車」や「化学車」などの高機能な消防車だ。

　こうした車両は構造的にも緻密なうえ、コンピュータによる自動制御装置なども随所に導入されており、メーカーなどの専門的な技術者によるメンテナンスが必要不可欠。さらにいえば、1台で億単位の車両だけに、できるだけ長くもたせるために定期的なオーバーホールは必須事項となる。

　では、具体的にどんな方法で行なわれるのかというと、これが想像以上に「スゴイ」のだ。

ある消防車メーカーでは、「車両に使われている部品をひとつ残らずチェックする」という。つまり、一度消防車を完全にバラバラの状態にしてから、使われているすべてのパーツを徹底的に点検する。

こう聞くと、気の遠くなるような時間のかかる作業だが、製造にかかる時間の約1／3ほどで約2～3カ月ですむケースが多いという。

そこで気になるコストの点だが、西日本の消防本部のはしご車（35メートル）の場合、購入金額は相場から考えておよそ1億5000万円程度。これに対し、オーバーホール料金は約3800万円で、やはりこちらも1／3くらいですむという。

家電や時計など、さまざまな分野で激安が進み、修理するより買い替えたほうが安くすむ昨今だが、こと消防車に関しては「修理」するほうが断然お得のようだ。

33 消防車や救急車にも制限速度がある！

火災や事故、はたまた急病人に震災と、消防車や救急車は緊急事態に猛スピードで現場へ駆けつける。そんな緊急車両に制限速度なんて……と思うだろうが、これがあるのだ。

もちろん、一般の車両に適用されるものとは異なるが、救急車や消防車、さらにはパトカー、つまり警察車両にだって速度制限はちゃんとある。

道路交通法の規定に基づき、同法を実施するために定められた内閣政令である「道路交通法施行令」の第11条によると、道路交通法で定める最高速度は一般の自動車で時速60キロ、原動機つき自転車で時速30キロとなっている。

だが第12条の「最高速度の特例」において、「当該緊急用務のため、政令で定めるところにより、運転中」の消防車、救急車などの「緊急自動車」の場合は「時速80キロ」と定められている。ちなみに高速道路における最高速度は一般の大型自動車、普通自動車と同様に、「時速100キロ」なのだ。

要するに、いくら緊急の特殊車両だからといって、無制限にスピードを上げていいというものではないということ。それで問題があるかといえば、「ほぼない」というのが正直なところだ。なぜなら、混雑した市街地の道路では制限速度の80キロでぶっ飛ばせる機会などは、まず皆無に等しい。

とはいえ、「例外の例外」も存在する。これは消防ではなく警察車両のほうだが、パトカーなどがスピード違反車両を取り締まる場合などには、制限速度の規定はいっさい適用されない。

現在のパトカーは、時速180キロでリミッターが働く「改造なしのノーマル車両」が基本だが、一部高速隊の車両などではリミッターがカットされているものもあり、まさに映画のような壮絶なカーチェイスも法律上は可能なのだ。

だが実際は、万一事故などが起きた際のことも考え、あまりにも無謀なスピードでの追跡は行なわれていないのが現状。

さて、ここで簡単なクイズといこう。

緊急車両には特例の優先事項が多く、業務に携わっているときは制限速度を超えることはもちろん、信号無視や無理な追い越しも認められているが、では「戦争などの有事における自衛隊の車が道路を走る際の優先事項」はどうなのだろうか。

当然、自衛隊の車は消防車や救急車、パトカーなどと同じ緊急車両ではないから「一般の車と同じ」が正解となる。

つまり極端な話、「敵軍侵略！　ただちに戦場へ向かえ！」となった場合でも、自衛隊車両は信号を守り、渋滞に巻きこまれながら現場へ向かわなくてはならないのが現実。仮に信号を守らなかった場合はどうなるかというと……そう、当たり前のことだが「交通違反」で罰せられてしまうというわけだ。

34 消防車は赤くない！ では何色？

消防車といえば「真っ赤な車体」でさっそうと火災現場へ、という光景を思い浮かべるだろう。

ところが、消防車の色は厳密には「赤」ではないのだ。これは法規上規定されていることなので、間違いない。

では、何色なのか？ その答えは昭和26（1951）年に発令された運輸省令の「道路運送車両の保安基準」の第49条の2項にある。

内容は次のとおり。

「緊急自動車の車体の塗色は、消防自動車にあっては朱色とし、その他の緊急車両にあっては白色とする」。

そう、つまり消防車の車体は「赤」ではなく「朱色《しゅいろ》」が正しいのだ。たいして変わらないような気がするかもしれないが、しかし朱色とはあかね色のひとつで、やや黄を帯びた赤色のことだ。単なる「赤」ではない。鳥居に塗られたあの色が朱色といえば、わかるだろうか。

つまり、ただ単に「赤い色の消防車」では法規違反になってしまうというわけだ。「朱に交われば赤くなる」ということわざがあるが、消防車はどこまでいっても「朱色」でなくてはならないのだ。

日本の消防車がなぜ今の色になったかについては、あまりはっきりしたことはわかっていない。ただ、外国から輸入した蒸気式のポンプや消防車などと同じ色にしたというのが一般的な理由のようだ。さらに、赤系統の色は人目を惹《ひ》き、注意を惹きつける色であるということや、炎の色ともあいまって「警戒心」を喚起させるという点も考慮してのことだともいわれている。

海外の場合はどうかというと、やはり赤系統が優勢のようだ。海外の消防事情に詳しい、元レスキュー隊員で海外の消防署への研修経験も豊富な現国際消防情報協会会員のK氏によると、「赤系統」はフランス、イギリス、ドイツ、スイス、オーストラリア、アメリカほか世界各国の幅広い地域で使われているとのことだ。それに、最近の流行りは白いストライプが入ったタイプだともいう。

赤以外では、ドイツでは「紫」、さらに消防局によって色の違うアメリカでは、赤以外に白や黄、黒、青、緑のほか、全部で何色あるかも不明なほどカラフルな状況になっているという。

さらにいえば、消防車の車体は「色を塗るだけ」にとどまるものではないようだ。前出のK氏の話では、イギリスには「タータンチェック柄の消防車」もあるという。

また、アメリカでは民間の消防車もあり、こうした車両には保険会社や病院といったスポンサー「広告」が車体にプリントされているという。

35 「119番」通報は直接消防署につながってはいない？

火事になったら119番、これが常識。とはいえ、実際に119番へ電話をかけたことのある人はめったにいないのでは……。これほど身近な番号でありながら、生涯一度もかける機会がないことも珍しくない番号だ。それが119番といってもいいだろう。

そんな119番なのだが、では「ここにかけると、どこにつながる？」は、はたしてご存知だろうか。「そんなの消防署に決まってるだろう」という声が聞こえてきそうだが、ところが、これが間違いなのだ。

119番への緊急電話は専用の回線を通じて、市町村単位で構成される各担当地区の消防本部や消防局にある指令室（センター）へと繋がっている。東京23区なら千代田区大手町の「災害情報救急センター」、神奈川県の横須賀市内であれば「横須賀市消防局情報調査課指令室」といったぐあいだ。

ここで位置情報や災害の種別（火災、救急、救助）などの情報を確認したうえで、現場近辺の消防署や出張所に向けて指令が送られる。

その仕組みは、自動出動指定装置に火災現場の位置などの情報を入力することで、そのときの各所での車両出動状況などをコンピュータが自動的に照合し、最適な出動部隊の編成が組まれるというものだ。さらに指令を受けて出動した部隊へは、車載の消防無線やＡＶＭ装置（各車両は指令書と同じ情報を文字情報で受信でき、車両内から活動状況を指令室に伝送する装置）を通じて指令室からの追加情報が随時届けられる。

ちなみに、ＡＶＭとはAutomatic Vehicles Monitoring systemの略で、通常のカーナビ機能のほか、現場までの経路探索や水利等の情報をモニター表示する装置のこと。

また指令室では、消防関連だけでなく、警察や、電気・ガス・水道各社など関係機関への連絡も担当する。ほかにも事故などによる救急の通報で、負傷者が心肺停止などの危険な状況にあるときは、通報者への応急手当の口頭指導なども行なっている。

さて、緊急時はパニックに陥り、自分がどこにいるかを伝えられない人もけっこう多いという。そこで119番には、通報受信と同時に通報場所が災害現場検索用のモニターに表示される「発信地表示システム」などの機能もある。だが、この便利な機能がときに機能しないケースがある。携帯電話を使った場合だ。

現在、携帯電話による119番は、一部の地域を除いてかけることができない。また仮につながった場合でも、電波の飛び方によってはとんでもないことになってしまう。

実際にあったケースとしては、静岡からの携帯による119番通報が、なんと関東の指令センターにかかってしまった例があるというのだ。

同じ携帯電話でもPHSではこうした問題はほとんどないようだが、外出時に緊急事態に役立つ連絡手段は昔ながらの公衆電話。

携帯の普及で今やすっかり過去のものとなりつつある公衆電話だが、イザというときには命を守る、まだまだ頼もしい存在なのだ。

36 「消防車の日」が4月23日に決められた意外な理由とは？

建国記念日は2月11日、終戦記念日は8月15日、では「消防記念日」はというと……、そう、11月9日とひらめいた方、残念ながらそうではない。

11月9日は「119番の日」で、緊急通報の119番にちなんで、消防活動全般に関する正しい知識と理解を深めるため、1987（昭和62）年に制定されたものだ。

1989（平成元）年からは、この日から11月15日までの1週間を「秋の火災予防運動」の期間と定めている。

それでは、いつ？　語呂合わせでいくと9月9日と連想するかもしれないが、この日もきちんと「救急の日」という、れっきとした記念日がある。火災予防運動と同じく、この日から1週間を「救急医療週間」としており、全国で応急手当の講習会などが実施されているので、この機会に講習を受けてみるのもいいだろう。

また、消防記念日は3月7日となっている。明治憲法のもとでは警察の管轄となっていた消防業務が各市町村の管理する「自治体消防制度」へ移行したのは、「消防組織法」が施行された1948（昭和23）年の3月7日。これを記念して、2年後の1950年、国家消防庁（現在の総務省消防庁）により「消防記念日」が制定されている。

また、消防関連の記念日として有名なものといえば、9月1日の「防災の日」がある。これは1960（昭和35）年の閣議で制定されたのだが、理由は「関東大震災の起こった日」で知られるとともに、暦のうえでは台風シーズンの到来を迎える時期でもあり、二百十日にあたるということもあるようだ。

ほかにも、阪神・淡路大震災が起きた1月17日は「防災とボランティアの日」、奈良法隆寺金堂の壁画が火災で消失した1月26日は「文化財予防デー」などの記念日が設けられている。

ちなみに1月17日は、ボランティアによる炊き出しが被災者を大いに励ましたということから、米関連の民間企業やJAなどによる「ごはんを食べよう国民運動推進協議会」によって「おむすびの日」にも制定されている。

さて、こうした数々の消防に関する記念日だが、国や自治体が制定したものばかりでもない。消防車メーカーとして日本でトップクラスを誇る「モリタ」では、同社の創業記念日である4月23日を「消防車の日」、8月5日を「はしご車の日」と定めている。

これはもちろん、一民間企業が勝手に決めたわけではなく、日本記念日協会に申請し、審査を受けたのち正式に登録されたものだ。

37 消防車が走りながら放水しないのは、なぜ?

ところで、消防車はどうやって火を消しているのか、ご存知だろうか。

「そんなの放水に決まっているだろう」

それでは、その水はどうやって噴射されているのだろう。一般的なポンプの場合、内蔵するモーターなどの動力があって作動する。これに対し、消防自動車は特別にポンプ専用のモーターを積んでいるわけではない。

実は自動車の「エンジン」から動力を得ているのだ。

ただ、ここでひとつ大きな問題がある。通常、自動車のエンジンは回転数を一定に保つのが非常に困難だ。

エンジン回転数の微妙な変化は、走行にはほとんど影響が出ないので気にもとめていないと思うが、これは車を運転する人であれば、ぜひ一度試してみていただきたい。アクセル操作で回転計を一定に保ちながら走ることが、どれだけ難しいかわかってもらえると思う。

そんな自動車のエンジンは、他のポンプよりも安定した作動能力が求められる消防自動車のポンプの原動力としては、まったく使い物にならない。

刻一刻と変化する消火活動においては、きわめて微妙な水圧の変化が、人間の生死の境を分ける。

そこで考案されたのが「調速機」。消防車のエンジンに「オールスピードガバナー」という回転数を一定に保つための、いわば「消防自動車のエンジンの心臓」とでもいうべき「調速機」がつけられているのだ。

この機械、たとえば「エンジンスロットル１５００ＲＰＭ」とセットすれば、ポンプにかかる負荷などの抵抗によらず、毎分1500回転をほんのわずかな誤差で維持できるスグレモノだ。

これがアイドリングの状態からフルスロットルまで、どのような状況でも安定した回転数を保つことができる、まさに「オールスピード」なのである。

また、エンジンの動力をポンプの動力源として使うための装置は「P・T・O（パワー・テイク・オフ）」と呼ばれ、運転席のポンプレバー（P・T・Oレバー）を「入」にするとエンジンの動力がポンプにつながるようになっている。

さて、ここでようやく表題についての話に移るが、消防車が放水するのは火災現場に着いてからであり、走りながら放水する消防車なんて、おそらく見たことはないだろう。

この理由はいたって簡単だ。

エンジンの回転をポンプの動力に伝えることから、走行用のギアが入っている状態ではエンストを起こしてしまう。だから、消火活動に入った消防車のギアは、常にニュートラルに入れられている。

とはいえ、クラッチ操作をすれば、一応走りながらの放水は可能ではある。しかし、車の速度に放水能力が影響を受けるため、消火活動に最適な放水能力を発揮することはできなくなってしまうのだ。

こうしたことから、空港用化学車など例外はあるものの、通常ポンプ車が走行中の放水を行なわないのは、そんな理由からだ。

38 救命救急の「飛び」道具、「空飛ぶ医務室」とは?

アメリカには「空飛ぶ病院」とでもいうべき飛行機を所有する宗教団体がある。その飛行機の名は「ザ・フライング・ホスピタル」。

莫大なお金をかけて改造された機内には、ベッドに手術室、さらにはナースステーションまで完備している。まさに「病院」と呼ぶにふさわしいつくりとなっており、医療過疎や内戦に苦しむ国から緊急災害の被災地まで、空飛ぶ病院は世界じゅうを飛びまわっているという。

だが、こうした「空飛ぶ医療機関」はほかにもある。病院とまではいかないが、救命救急の世界には「空飛ぶ医務室」とでも呼びたい「ドクターヘリ」がある。

これは、機内を医療用に改造し、担架や酸素ボンベ、血圧モニター、心肺蘇生器などの救急装置が取りつけられたヘリコプターで、消防機関などの要請によって救急現場へと急行する。そのスタイルは通常の救急車とほぼ変わらないものだといえる。

空飛ぶ医務室「ドクターヘリ」

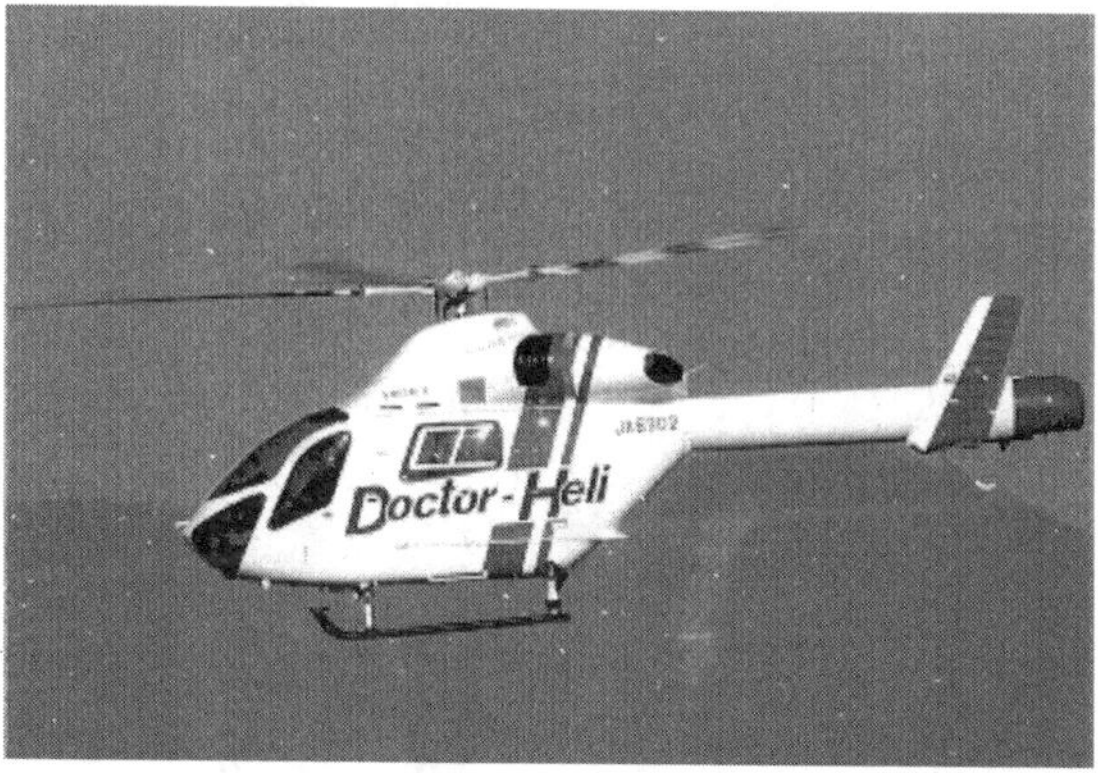

（写真提供：heri-boy 赤堀賢司氏）

だが最大の違いは、「そこに医師が乗っている」という点だ。さらに必要に応じて「看護師」や「救命救急士」も同乗する。

ドクターヘリの運航は１９９０年の10月から で、当時の厚生省が、神奈川県の東海大学、岡山県の川崎医科大学と共同でスタートした試行的事業だ。

開始から2年弱でその成果が認められ、２００１年からは正式に「ドクターヘリ導入促進事業」が開始されている。

これは、山間部の過疎地などにおける事故や突発的で致命的な病気の患者に対し、一般の救急車では不可能な短時間での到着、さらにそれによる適切な救命措置が行なえたことによるものだといえる。

そんな「ドクターヘリ」なのだが、現在は

まだ1道8県の10病院での運用にとどまっている。

最大のネックは年間1億8000万円にもおよぶ運用費用で、国や自治体からの補助はあるものの病院側の負担は非常に大きく、今後はさらなる導入促進のために、運航経費を医療保険から補助しては、という意見もあがっている。

高齢化や震災対策などへの新しい救急システムとして、さらなる「飛翔」を望みたい。

39 全国に2500台もの最新型消防車を寄贈している団体とは?

1台で数千万円、さらに種類によっては億単位も十分ありうる消防車とは、まったくもって高額な商品だ。もちろん、国からの補助があるのだが、これが受けられるのは基本的に総額の1／3程度まで。残りは各自治体の負担となる。だが、昨今は財政状況のよい自治体ばかりではない、というよりむしろ厳しいところのほうが多い。

「必要なものを買うのに相応の金額を払うのは当たり前」と、そんな声も聞こえてきそうだが、なにせ地域の防災安全に大きく関わる問題だけに、「じゃあ、お金がないから我慢しよう」というわけにもいかない。だからといって先立つものがない……こうしたジレンマで、ほとんどの自治体は頭をかかえているのが実情のようだ。

寄贈された「損害保険号」

（写真提供：（社）日本損害保険協会）

ある消防署では、予算の関係上しかたなく何年間も古い装備の消防車を使っているケースもあるという。

また、新車を導入する場合、購入するだけが手段ではない。消防車を寄贈してくれるところがある。その団体のひとつが「社団法人日本損害保険協会」だ。

同協会では、防災意識の啓発・普及活動の一環として各自治体における消防力の強化と拡張に協力しようと、全国規模での「最新型車両の寄贈」を行なっている。

昭和27年から始まったこの活動により、これまでに寄贈した消防車の累計台数は２５０台以上にものぼる。

一般の方にはほとんど気づかれないだろうが、気をつけて見ると、こうした車両のフロント部分に「損害保険号」「火災保険号」と書かれたプレートがつけられているのがわかる。

また、似たようなケースとして「宝くじ号」というのもある。

これは宝くじの当選金で購入した車両ではなく、売上げから賞金と経費を差し引いた公共事業のために使われる「収益金」でまかなわれる車両のことだ。

ちなみに、収益金の分配は販売実績に応じて決められるため、多く売った地域にはそれだけ還元されることになる。

地元で宝くじをよく買うアナタ、そのお金が今ごろ消防車の一部に使われているかもしれませんよ。

40 消防車を造るのは「トヨタ」や「ニッサン」ではない!?

当たり前のことだが、普通の乗用車やトラックなどの車は自動車メーカーで造られている。では、消防車はどうだろう。やはり車のメーカーが造っているのだろうか?

答えは、そう単純ではない。消防車づくりには「消防車専門のメーカー」が存在する。その数は現在、全国で約20社ほどだが、戦後間もないころには100社を超えていた。これが、ポンプの消防検定が義務化された１９５４年以降、廃業や吸収合併などの統廃合が進み、現在にいたっている。

ちなみに、消防の業界では消防車メーカーのことを「艤装《ぎそう》メーカー」と呼んでいるが、偽りのメーカーという意味ではなく、その理由は次のようなことらしい。

「『艤装』という言葉は、もともと中国から伝来した言葉で、船大工が一から船を造ることを意味します。同様に消防車も1台1台が職人の手作業で造られていたため、この言葉が使われたといわれています」（モリタ広報担当者）

ただ、現在はベースとなる車の土台部分（シャーシ）を自動車メーカーから仕入れたうえで製造することから、「架装（車両などに積載されている装備のこと）メーカー」という、より適切な表現が使われるケースも多い。

さて、冒頭で「単純ではない」と述べたのには、こうした背景がある。つまり、消防車メーカーは「消防車を丸ごと1台」造っているわけではないのだ。

消防車のシャーシと呼ばれる「車輪や骨組みなど車の土台となる部分」は、日野やいすゞといった自動車メーカーの4トンや8トンなどのトラックに使われるものが流用されるのが一般的。

これをベースに各消防車メーカーでは、ボディやキャビン、さらに消防車に必要な機能としての駆動部のP・T・O（パワー・テイク・オフ）やはしご、ポンプといった「上モノ」を造っていく。

さらに特殊なケースとしては、「モリタ」のように大手自動車メーカーと提携し、消防車専用のシャーシを「共同開発」しているケースもあるのだ。

これは日本でもトップクラスで、特にはしご車のシェアではダントツの80％近くを誇る。

また、こうした一般的なメーカーのほかに、特殊なメーカーも存在する。台車などを使うことで移動可能な「可搬式ポンプ」で国内トップクラスのシェアを誇る「トーハツ株式会社」では、ポンプ単体だけでなく、同社のポンプを搭載した「ポンプ車」、正式には「ポンプ積載車」を販売している。

同社の場合は車両メーカーから専用シャーシを丸ごと1台購入して社内艤装する以外に、車種によって製造は他のメーカーに任せるという方式をとっており、完成した車両は主に消防団などで使われている。

41 上空からしか見えない消防車の「背番号」の秘密

「好きこそものの上手なれ」というが、どの世界にも〝とんでもない能力をもった超マニ

上空から見分ける「対空表示」

アがいるものだ。

以前、あるテレビ番組で「通りすぎる電車をチラッと一瞬見ただけで何の車両かをあてるクイズ」が行なわれた。

そこで目にしたのは、まったく同じ形の電車に見えるのだが、「これは○○線、こっちは△△本線の××線」と、みごとに当てていく。

当然ながら、こうした「究極の達人」は消防の世界にもいた。

ある消防ファンのひとりは、けたたましいサイレンの音とともに路上を突っ走る消防車を見て、「あ、あれは○○署のポンプ車で、型式はCD－I、放水量は……」などと消防車の車体や年式、仕様や性能までをみごとに当てる。

だが、そんな究極のマニアでなくとも、車種や配属などをひと目で見分ける方法はある。消防車には実はそんな隠れ表示（？）が施されている。それが「対空表示」なのだ。

隠れたというよりは、最も開放的な場所に「白や黒などの文字」で大きく記されているのだが、普段われわれにはめったにお目にかかれない。

というのも、この表示は読んで字のごとく、「空に対しての表示」というわけで、ボディの屋根に書かれているからだ。

消防本部や自治体の消防・防災関連のヘリが出動する大規模災害などでは、支援・誘導のために上空からひと目で車両を見分ける必要がある。

そこで、「防災ヘリを使った消防広域応援活動を円滑に行なうために必要」という全国消防長会の決定もあり、現在ではほとんどの車両にこうした表示が記されている。

何が記されているかというと、「本部名、所属名、車種」が基本のようだ。空に向かっての表示となると、われわれには見るチャンスはないだろうか。方法はいろいろとありそうだ。

ある消防マニアがいうには、「もし消防車のサイレンが聞こえたら、すかさず近くの歩道橋に駈け上がる」のだそうだ。

なるほど、そうすればボディの屋根の表示は確認できる。ただし、そうした行動的で運動量に自信のない方は、ビルの上からも確認はできる。

要するに消防車を上から見下ろせる場所ならどこでもいい。

気になる方は、ぜひ一度トライしてみては。

42 昔の火災通報「112番」がわずか2年で「119番」に変わった理由は？

火災や事故が起きたときの緊急電話は「119番」だが、この番号は1927（昭和2）年10月1日以降のものであって、それ以前は「112番」が使われていたというのは、案外知られていない。

その理由は「火災通報の歴史」にある。

1887（明治20）年5月、消防活動を迅速に行なうため、消防への電話の導入が検討されたことを受け、同年末、電話による火災の通報を受けつけるようになった。

しかし、このときはまだ火災通報の緊急優先の扱いがとられていなかったため、一刻をあらそう火災通報の電話も、通常の電話が混雑していた場合にはつながらない（！）といった、ほぼ目的を果たさない代物だった。

そこで、1917年の4月1日から火災報知用の専用電話が制度化された。この新しい制度は事前に新聞などで大々的に告知され、市民の期待も非常に高まっていたようで、第1号の通報はなんと制度発足からわずか数時間後、4月1日の早朝に日本橋で起こった火災だった。

この火災は本物だったからいいとして、かなりの数の「困った電話」もあったようで、なかでも一番多かったのが「いたずら電話」だったようだ。新制度の実施からわずか2日後に、困り果てた当時の消防本部長（今の消防総監）が、新聞を通じて「いたずら電話は法規の面から厳重に処罰する」と報じたほどだ。

ほかに「火災に関する問い合わせ」も多く、現場付近の住民からはもちろん、近所を消防車が通っただけで、「火事があったのはどこ?」というような問い合わせも少なくなかったそうだ。

また、当時の火災通報は「有料」のため、通報の機会を逃すといったケースも少なくなく、1919（大正8）年から火災報知に関する通話料は無料になった。

さて、ここまできてようやく「112番」が登場することになる。

ときは1926（大正15）年、電話の自動交換方式が採用されたこの年の1月20日、火災報知専用の番号が112番に定められた。理由は「一刻をあらそう緊急時にダイヤルをまわす時間が短い番号を」ということからだ。

ところが、制定から2年と経たたずして112番はその役目を終え、119番に取って代わられることとなる。よかれと思って定めた112番だったが、ダイヤル式電話に不慣れな人が予想以上に多く、番号の位置が近すぎてかけ間違いが多かった。

そこでかけやすい最初の「1 1」は残し、最後の位置の「9」を使おうということで、この緊急番号が今日まで生き長らえているというわけだ。

43 外見の違いは一目瞭然の消防車と一般車、どこがどう違う？

さて、消防車と一般車でどこが違うかといえば、まず車体の色は見るからに赤いし、車体も大きいことから「まるっきり違うんじゃない？」と思われるかもしれない。ところが、ベースとなる車体は、実は一般の車両を用いることがほとんどなのだ。

一般に「消防車」と呼ばれている「消防ポンプ自動車」、いわゆる「ポンプ車」や「はしご車」は、普通のトラックなどの大型車をベースにしている。

それでは、まずどこが違うのだろう？

消防車の運転席をのぞかないと気づかないかもしれないが、座席数が多いことだ。通常のトラックでは「シングルキャビン」になっているところが、消防車では乗車定員を増や

ポンプの駆動装置の仕組み

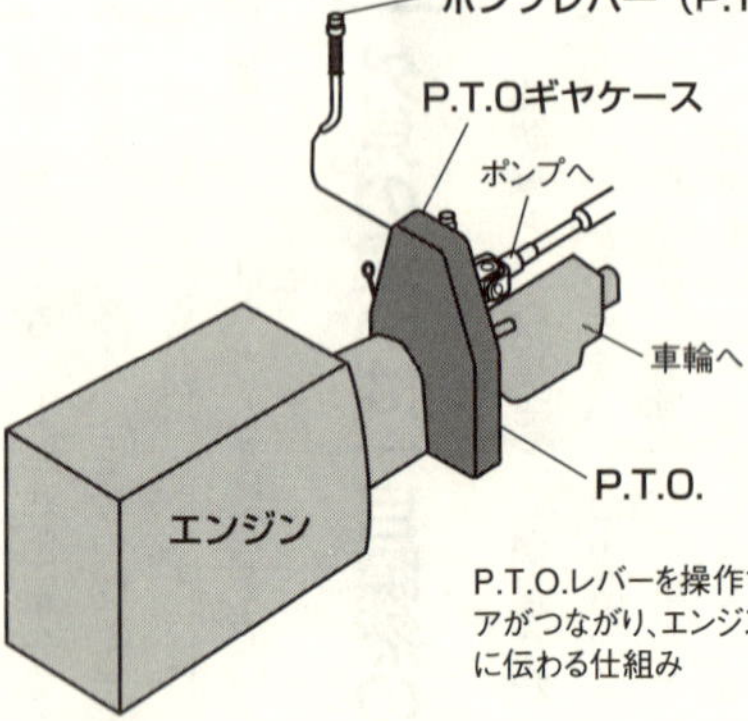

P.T.O.レバーを操作するとP.T.O.のギアがつながり、エンジンの動力がポンプに伝わる仕組み

すために「ダブルキャビン」に改造されている。

また、防火服や酸素ボンベなどフル装備の状態でも余裕があるように、座席の間隔も一般の車両に比べてワイドになっている。

外見での違いなら「はしご」や「ポンプ」「ホース」などの装備が一番目立つわけだが、それはさておき、ポンプを動かすための装置「P・T・O（パワー・テイク・オフ）」は、まさに消防車の面目躍如たるものだ。

この「P・T・O」の仕組みは、P・T・Oのギアケースの中の3つのギアが縦に並んだ構造になっている。

走行中は真ん中のギアがフリーになっていて、ポンプへ動力が伝わらない仕組みになっているのだ。

また、火災の規模にもよるが、消火活動では2～3時間放水しっぱなしなんてことも珍しくないため、エンジンを動力としたポンプであることから「2～3時間アクセル踏みっぱなし」という「通常の運転ではありえない状況」も起きてくる。

そこで、冷却装置のラジエーターもひとつでは間に合わないため、サブラジエーターが装備されている。

そのほか、運転席には「アワーメーター」という、エンジンの駆動時間を記録する装置もついている。停車時でもエンジンフル回転の消防車（ポンプ車）では、エンジンの酷使ぐあいは走行距離では判断できないので、このメーターで判断しているのだ。

44 消防車の「タイヤ変形防止走行」って、どんな走り？

消防車といえば、回転式の真っ赤なランプを光らせながら、「ウーウー」とけたたましいサイレン音を響かせて走る。だが、実は、そんなイメージばかりではない。

あまり目にする機会は少ないだろうが、一般車両に混じって普通に走る「消防車らしくない姿」を見たことがあるかもしれない。

実際、赤信号で止まっている消防車を初めて見たら、かなりの違和感をもつはずだ。サイレンはもちろん、赤色灯もつけずにひっそりと物静かに交差点にたたずむ赤い車は、どう見ても消防車の形をした単に赤い色の車という光景でしかない。

それでは、その消防車はいったい何をしているのか。

その答えを見いだすには、まず「緊急自動車とは?」という点を考えてみる必要がある。

道路交通法では、「緊急自動車」とは消防車などの自動車で「公共的な機関の使用者」が「当該緊急用務」のため、赤色灯(赤色警光灯)をつけ、サイレンを鳴らして走っている車とされている。

つまり、こうした一定の条件が揃ってはじめて「消防車は緊急自動車たりうる」のだ。消防車であれば即緊急自動車というわけではない。

逆にいえば、赤色灯をつけずサイレンも鳴らさない消防車は「緊急自動車ではない」ということになり、その理由も道交法の「緊急自動車の条件」から、消防職員の方が運転していたとしても、「当該緊急用務」――つまり、火災や救急などでの出動ではないということだ。

消防隊員の仕事は、火災や救急だけにとどまらず多岐にわたっており、そうした業務についても消防車が使われている。といっても、あくまで「その必要性がある場合」であって「単なる足がわり」というわけにはいかない。

管轄区域内における警防調査（地理や水利の状況を調べる）や火災予防のための建築物への立ち入り検査、さらに学校や企業などの避難訓練というケースもありうるだろう。また、停車している場合は防火水槽や消火栓の状況の調査なども考えられる。

こうした業務以外にも、まさに「消防車ならでは」といえるケースもある。消防車はトラックなどの車両のシャーシをベースに造られているのだが、装備されているパーツや積載する器材などから、通常のトラック以上にタイヤへの負担が大きい。

このため出動回数が極端に少なく、長く止まったままの状態が続いた場合、タイヤが変形してしまうこともある。この問題を解消する手段は、いたって簡単。

そう、単に「走らせればいい」のだ。

ちなみに、こうした「タイヤ変形防止走行」は、早朝の時間帯に行なわれることが多いが、これもいざというときのために必要な「メンテナンス走行」ということになる。

45 ウソの火災通報をしたら、どんな罪になるのか？

緊急事故や突然の火災などの非常事態でも、119番の電話1本ですぐに駆けつけてくれる消防隊員。誰もが利用できるこの安心で便利なシステムだが、それだけに困った問題も少なくない。

そう、「いたずら電話」である。119番通報の2〜3割も占めるといわれる「虚偽通報」だ。よくあるケースは、火災発生の通報や救急車の要請を受け即座に現場へ急行したのだが、まっく火の気や被災者の姿が見られない、といったケースだ。

119番回線には数に限りがある。つまり、いたずら電話に回線が使われることで実際の緊急通報がつながらなくなってしまう。そればかりか、いたずら電話によって出動してしまい、ほかの火災現場への到着が遅れてしまう。ことによっては人命に関わる事態も起こりかねないなど、いたずら電話は悪質で、けっして許されない行為だ。

また、119番通報は、いったん指令センターなどで一括して受けたのち消防署へまわされるのだが、この際、通報者がなんらかの理由で場所をうまく伝えられないという状況を考慮し、通報地点を特定できるシステムが導入されている。

さらに、通報者がパニックなど何らかの理由で場所を特定せず電話を切ってしまった場合でも、センター側で回線を切断しない限り、電話はつながったままで相手を呼び出せるという、安全面を考えた特殊な回線システムも採用している。

逆にいえば、いたずらかどうかの判断が容易についてしまうというわけだ。

とはいえ、各消防では「万一の事態」を考え、すべての通報には必ず出動するという。

事実、電話が通じた瞬間に意識を失ってしまった通報者のケースなどもあり、たとえ無言電話であってもこの方針は変わらないという。

だからこそ、こうした悪質ないたずら電話については、「消防法」によって罰則が厳しく定められている。同法第44条にある「故なく消防署又は（中略）市町村長の指定した場所に火災発生の虚偽の通報又は（中略）傷病者に係る虚偽の通報をした者」は、「30万円以下の罰金又は拘留に処する」というものだ。

ただ、これと似て非なるものに「誤報」がある。たとえば「魚を焼いていた」「燻煙殺虫剤を使っていた」という状況を火事と間違えて誰かが通報したというような場合だ。

これについては「いたずら」ではなく「親切心」からであり、特に罰則規定は設けられていない。

「通報」だけでなく、「現場での消火活動の妨害」についても当然の罰則がある。その内容は、「消防車等が火災現場へ向かうのを故意に妨害した者」、さらに「火災の現場で消火若しくは延焼の防止又は人命の救助に従事する者に対し、その行為を妨害した者」は、「2年以下の懲役又は100万円以下の罰金に処する」というものだ。

単なる野次馬のつもりが、とんでもない高額な見学料を支払うハメにならないよう、ぜひ気をつけたいもの。

46 救急車の「ピーポー」は正しいサイレン音ではない！

車を運転しているとき、〈なんとなく後方で音が……〉と思った次の瞬間、消防車や救急車が一般自動車をかき分けて突進してくる。

初心者マークのドライバーなどは、思わずドキドキしてしまうものだが、実はこのサイレン、法令によって「大きさ」や「音の種類」が正式に決められている。

「道路運送車両の保安基準」の第49条によると、緊急自動車の条件として「自車の前方20メートルの位置において90ホン以上120ホン以下のサイレンを備えなければならない」という内容が定められているのだ。

また音色についても、あの「ウーウーウー」という「連続音」が正規の警報音とされている。

さらに緊急走行時には「道路交通法施行令」の第14条により、「サイレンを鳴らし、かつ赤色の警光灯をつけなければならない」とも決められている。

となると、つまり救急車の「ピーポー」は法令上、厳密には正しいサイレンの音ではないことになる。だが、現にそれで緊急自動車として走っているのは事実で、救急車が次々と法令違反で捕まったなんてことは一度もない。あの音は、「特例」として認められているからだ。

1970年から試験的に、東京の救急車に「ピーポー音」のサイレンが取りつけられたのだが、これは他の緊急車両と区別しやすいことや、住民や搬送患者の心理的負担を軽減させる効果があるという点が理解されたことによる。

47 日本初の救急車は、いつ、どこに配備された？

現在のように、各消防署が救急車を配備するようになったのは、1963（昭和38）年の消防法改正がきっかけとなっている。

この法改正により、各自治体消防による救急業務の義務が法制化されたことで、全国的に救急車が普及していくこととなる。

では、その先がけとなった「日本初の救急車」は、いつ、どこに配備されたのだろうか。日本初の消防車が輸入モノだったように、これもやはり輸入モノ？ と思いきや、実はそうではなかった。

インターネットや情報誌などでは、日本初の救急車はキャデラックといった記載が多いが、これは間違いのようだ。日本初の救急車はといえば、1931（昭和6）年に大阪府大阪市の「日本赤十字社大阪支部」に配備されたという記録が残っている。

ちなみに、大正12年1月に日本赤十字社東京都支部に配備された「救護自動車」が、同年9月に起きた関東大震災で患者搬送を行なっており、日本初の救急業務を行なった自動車としては、これが救急車第1号だといえそうだ。

ただし、「外傷患者救急運搬事業用」の目的で導入され、現在の白地に赤の救急車として整備されたのは、やはり大阪府支部のものらしい。

ちなみに、1933（昭和8）年、神奈川県警察部（現・神奈川県警察本部）に属する横浜市山下消防署（現・横浜市安全管理局中消防署）に導入された中古のキャデラックを改造した救急車が、「日本（の消防機関で）初の救急車」であり、ここから「行政機関による救急業務がスタートした」というのが正確のようだ。

救急車の普及とともに変化していったのが「車内の広さ」だ。初期の「ボンネットトラック型」から、普及期には「ステーションワゴンタイプ」が主流となり、その後、より広い車内空間を得るためにワンボックス車ベースのものが登場した。

1991（平成3）年の医師法改正以降は、現在主流となっている1・5ボックスタイプやトラック車両をベースにしたものも現われるなど、救急車は単に「運ぶ車」から「移動型処置室」という位置づけに変化してきた。

さて、「日本初」はわかったが、では「世界初」はどうなのだろう。英語の救急車（ambulance）は、1860年代、アメリカ南北戦争のころには馬車が救急車がわりとして使われたが、その呼び方は実はこのときに生まれた。

そして、初めて救急搬送専用車両が登場したのは、19世紀初めのナポレオン戦争のころ。生みの親は当時のナポレオン軍の軍医長だといわれている。

48 消防車の仲間なのに「消火しない消防車」とは？

消防車なのに消火しない消防車なんて……いや、そんな車両は実はたくさんある。なかでも震災時などに活躍する車両といえば「工作車」だろう。

大型のクレーンやパワーショベルなどを備えた「ゴツい外観」と、それに負けないパワフルさで、倒壊した建物や路上に倒れた電柱などを除去するなど、人命救助や二次災害の防止に役立つ頼もしいヤツらだ。

どんな悪路でも難なく走行可能な、無限軌道装置を備えた「クローフータイプ」の車両も少なくない。

破壊工作車「ありま号」

（写真提供：旭川市消防本部）

東京消防庁の「ドラグショベル」や「クレーン車」などは、名前も見た目も消防車というよりは「工事車両」といったほうがピッタリな車両である。

実際これらの車は、建設用の重機を流用して造られているのだ。

消防車の名前には特に法的な制約がないため、こうした車も単に「工作車」、あるいは「震災工作車」「震災作業車」「排除工作車」など、地域によって名称もさまざまだ。なかでも旭川市南消防署に配備されている「ありま号」は、その名も「破壊工作車」と、スパイ映画に出てきそうな勇ましいネーミング。

同車は震災時だけでなく、消火活動のための外壁の取り壊しにも用いられ、また放水力もあるので、自己完結型の消火活動も可能だ。

49 救急車が1回出動するたびに約4万5000円ものコスト!

東京消防庁によると、2004年度の東京都内における救急車の出動件数は約67万8000件で、1976年以降、28年連続で増えているという。

ちなみに1日平均では1800件だから、なんと約47秒に1回の出動という計算になる。このような「出動の増加」は全国的に見ても同様な傾向となっている。

この状況は、高齢化社会を迎えた日本の現状を表わしているというよりも、いたずら電話など現在の救急車利用者のモラルの「想像を絶するレベル低下」が大きく関係しているといわれる。

そんな事態に対応するために、以前は規制されてきた民間救急業務に対するバックアップが、各自治体の消防本部などにより急速に進められた。

東京消防庁では2004年10月1日より民間救急制度の導入をスタート。2005年からは「東京民間救急コールセンター」を設置し、24時間・年中無休での民間救急業務案内体制を設けている。

これは適切な救急活動の推進もそうだが、自治体の財政難を「救う」ためといってもいい。

東京都によると、救急業務に関する年間の支出はおよそ285億5000万円。救急車が1回出動するたびに、なんと約4万5000円ものコストがかかっている。

このように救急出動の件数は年々増加する一方だが、そこで根本的な部分から見直しを始めたというのが正直なところだろう。

ある新聞記者の話では、

「これ以上、今のような無償での救急制度を続けるのは大変厳しく、有料化も検討されている」

のだという。

そこで、「民間救急の出番」となるのだが、現実にはそう簡単に話は進みそうもないのが実情のようだ。

第一に、「民間の救急車」とは国土交通省の免許と営業所を管轄する消防本部の認定を受けた「一般乗用旅客自動車運送事業」が運用する車両であるため、「緊急自動車」ではないからサイレンや赤色灯の装備は当然不可。

つまり道交法上の扱いは、赤信号で停車し、法廷速度を遵守する「優先走行のできない一般の車両」と同じになってしまうからだ。

また、民間車両に乗務する救急救命士は、通常の救急車に乗務する消防救急救命士と違い、医療処置が認められていない。

このため、せっかく厳しい関門を通過して身につけた専門知識が現状ではまったく活かされていないのが実情だ。

料金の問題も深刻だ。

先述したように救急車の利用料は0円に対し、民間救急車を利用した場合は「事業者の車庫を出発して、患者の搬送が終了したのち、さらに事業所の車庫に帰着するまでの時間と走行距離の多いほう」となり、さらに介護や深夜などの加算料金を考えると、1回の利用で1万円近い金額になることも珍しくないという。

民間救急が切迫した時代の救世主となるには、保険の適用や法整備など、まだまだ問題が山積みなのだ。

PART3 「消防・レスキュー隊員」の謎

50 普通のサラリーマンでも消防団員になれば公務員!

「消防団」というからには、消火に関わっていることには違いないのだが、それ以上にその実体について案外知られていないのではないだろうか。

そもそも「消防団」とは、消防組織法にもとづき各市町村に設置される消防機関のことで、そのルーツは江戸時代の町火消し「いろは48組」だといわれる。

その後、正式に今の法令にもとづく形となったのは1948年からだ。団員のほとんどは個別に職業をもっており、火災や風水害などの発生時に無線などで連絡を受けることで消防活動にあたっている。

では、消防署勤務の消防隊員と消防団員との違いはというと、これが実にややこしい。ごく簡単にいってしまえば、「消防の仕事を本業としているかどうか」という点だけだ。

法令上は消防職員と消防団員は同列に扱われており、どちらも「公務員」という立場になる。

「ほかに仕事をもってるのに、なんで公務員なの?」——そう思われる方がほとんどだろう。しかし、ひとたび消防団員として任命されると、たとえサラリーマンであっても「特別職の地方公務員」（常勤の消防職員は一般職）という身分が法令上で保証されるのだ。

ちなみに、「特別職の地方公務員」という立場は市町村長と同じだが、「市町村の消防は、条例に従い、市町村長がこれを管理する」という消防組織法第７条により、消防団の最高責任者は、つまり市町村長ということになる。消防団の団長を任命するのも、市町村長の役目となるわけだ。

また、給料という形のものではないが、団に所属し、地域消防に携わっていることへの報酬や、実際に出動した際の手当ては、それなりに支給される。

あえていえば、金額は市町村の条例などによっても異なるが、１年間の報酬としては団長で８～10万円くらいで、一般の団員では３万数千円が相場。火災などで出動した場合でも、１回につき５０００円前後の報酬だという。

けっして高いとはいえない報酬だが、消防の仕事が「本業」でも「副業」でもなく、あくまでも地域社会に「奉仕する」団体であればこそ、価値ある活動ということになる。

かといって、常勤の「消防職員」も激務のわりには、給与がそれほど高いとはいえない。これも消防の仕事は金銭だけではないという職業モラルからきているのだろう。

国会議員や一部高級官僚などのべらぼうな報酬に、国民は大いに腹を立てているのだが、命がけでわれわれの生活を守る消防職員の報酬は、あまりにも安すぎないだろうか。

さて、近所を歩いていて、ふと目にしたことはないだろうか。駅前や小学校の前の掲示板などに貼られた「消防団員募集」のポスターだ。

2006年6月現在のものは、コワモテでガタイのいい男性俳優が、「まさに消火活動後」といった雰囲気で〝なしとげた疲労感〟が漂う、実にさわやかでカッコイイ。

消防団のイメージアップにはもってこいのポスターだが、ちなみに入団資格は18歳以上で当該地区内に住むか勤務しており、防災意識の高い健康人なら誰でも大歓迎だという。

51 「レスキュー隊員は坊主頭禁止」の意外な理由とは？

消防隊員や救急救命士などの「ジョーシキ」について触れていくが、こうした職種ごとの「独特な決まり」はレスキュー隊員にもあるようだ。

そのひとつが「坊主頭禁止」という「掟」だ。

そういわれてみると、レスキュー隊員はひげの剃り残しや無精ひげなどなく、短く刈ったスポーツ刈りや角刈りで身だしなみをビシッとキメている。だが、さっぱりとした「坊主頭」がないのはなぜだろう、などと余計な詮索をしてみる。

その理由として、救助の現場では障害物や落下物など危険がいっぱいだ。だから頭を保

もし坊主頭だったら…

護する意味で頭髪を残すのだろう。だが、基本的にヘルメット（保安帽）着帽だし、頭の保護なら五分刈りでもいいはず。

では正解をいおう。理由は「レスキュー隊員のイメージ」をもう少し膨らませてみるとわかる。

レスキュー隊のメンバーになるには、消防学校などで「救助科」の教育を受けることになるが、その訓練はハンパじゃなく厳しいし、実際入隊したあとも、専任隊であれば1日8時間近い訓練に明け暮れる日常が待っているのだ。

こうした厳しい環境のなかで、屈強な肉体と強靭な精神が養われることになる。つまり、レスキュー隊員は総じて「かなりゴツイ男」といえる。

そんな彼らが、もしも「坊主頭」だったら……。

「坊主頭禁止は要救助者の心理的な面を考えてのことからなんです。災害現場で救助者を探す場合、保安帽を脱ぐケースもあります。そこで、『要救助者を助けるのだ！』と気合いの入った目の鋭いゴツイ男がさらに坊主頭だったら……いくらオレンジの制服を着用していても、一瞬『違う業界の人』が来たと思われてもしかたないですよね」

といってレスキュー隊員は苦笑する。

なるほど、そんな「コワイ方」がいきなり被災者の前に現われたら、恐ろしさのあまり気絶してしまうかもしれない。

52 救急救命士資格への気の遠くなるような「過酷な道のり」とは？

事故や急病などで現場へと救急車に搭乗して急行する救急隊員だが、かつては彼らと搬送先の病院との連携は組織的には行なわれておらず、救急隊は長いあいだ「単なる運び屋さん」というポジションを抜け出せずにいた。

これは救急隊の運用が消防の管轄であったことも関係するが、それ以上に法的な措置がとられていなかったことが大きい。そこで１９９１年４月に、病院到着前の「救急医療の質の向上」を目的とした「救急救命士法」が制定、同年8月から施行されたことで、救急隊の活動と役割は、以前よりも大幅に有意義で重要なものになった。

では「救急救命士」とは、具体的にどういうものなのだろう。

定義としては「厚生労働大臣が認定する国家資格」で、欧米諸国などの「パラメディック制度」を基盤とした「プレホスピタル・ケア（救急現場および搬送途上における応急処置）」の医療職とされている。

つまり、一般の救急隊員が行なえる応急処置に加え、生命が危険な状態にある傷病者に、より高度な救急救命処置を行なうことができる医療関係の職種のひとつということだ。

現在、救急救命士になるには2通りの道がある。

ひとつは一般向けのもので、高卒以上で、文部科学大臣指定の専門学校や救急救命士養成所において2年以上必要な知識および技術を習得し、国家試験にパスするという方法。

もうひとつは消防職員が受験するケースで、救急隊員が一定の経験を経たうえで養成所に入り、同じく国家試験にパスするという方法だ。

どちらの方法にしても、救急救命士になるには、まさに「至難の道」が待っている。まず前者だが、救急救命士の資格を得たとしても、その資格を活かせる場所は現状ではほぼ「救急車に乗務する救急隊員」以外にはない。救急救命士の資格のみでなく、消防職採用試験をパスすることが必須となってくる。

　後者の場合は消防職員のケースだが、まずは20～30倍にもなる各地方自治体の消防職員採用試験に合格したのち、選抜試験を経て２５０時間以上の救急技術研修を受け、さらに救急車に乗車できる「救急技術員」の資格を得なくてはならない。

　そのうえで、救急隊員としての乗務経験が5年もしくは２０００時間以上必要で、これを達成することでようやく「救急救命士養成所」への入校資格が手に入る。

　だが、あくまで入校資格であって、ここからさらに選抜試験が行なわれるのが一般的。それをさらにクリアして、はじめて研修が受けられるのだ。

　こうして約半年、８３５時間にもおよぶ研修が終わっても、晴れて「合格」というわけにはいかない。これでやっと受験資格が得られる段階に達する。

　そのうえ、合格したら即一人前の救急救命士かといえば、そんなに甘くない。免許取得後には、１６００時間以上の病院実習や救急車同乗実習という「救急救命士就業前教育」が待ちかまえている。

　人命救助という崇高な任務をあずかる救急救命士。そんな資格だけに、なんとも険しい道のりが必要とされるのだ。

53 毎年夏に開催される「レスキューの甲子園」とは？

熱い夏という言葉からイメージするものといえば、海にカキ氷に花火大会……それになんといっても高校野球である。「夏の甲子園」とも呼ばれる全国高等学校野球選手権大会。その歴史は古く、第1回大会は1915（大正4）年、全国中等学校優勝野球大会という名称で、大阪は豊中グラウンドにて開催され、2006年の夏で88回を迎える。

これまでの長い歴史のなかでさまざまなドラマが生まれ、それが暑い夏をさらに熱くしてきたこの大会だが、こうした催しは、なにも高校球児に限ったことではない。消防の世界にだって暑い夏の熱い大会がある。

それが「全国消防救助技術大会」だ。毎年夏に行なわれるこの大会は、全国のレスキュー隊員が昼夜を問わない過酷な訓練によって身につけた知識や技術を披露するもので、別名「レスキュー隊員の甲子園」とも呼ばれている。財団法人全国消防協会の主催で訓練塔やプールを使って、陸上の部と水上の部を合わせて15種目前後が行なわれ、第1回の東京大会（1972年）から数えて2006年で35回を迎える。

この大会、「甲子園」といわれるだけあって、レスキュー隊員なら誰でも出られるわけではない。まずは「地区予選」とでもいうべき各都道府県での大会（予選）が行なわれ、これを勝ち抜いた本部が「地区指導会」へ進み、そこを勝ち抜いた者だけに参加資格が与えられる。

全国を北海道から九州までの9つの地区に分け、総勢2万4000人以上もの隊員たちが日頃から鍛え抜いた技術を競い合いながら大会を目指すが、実際に参加できるのは1000人弱程度と、実に20倍以上（！）の高い競争率となっている。ちなみに2005年にさいたま市で開催された第34回大会の参加人数は、わずかに789人だ。

そこで気になるのが、優勝チーム。だが、この大会にはそういった順位などはいっさい設けられていない。

理由は、大会の目的はあくまで「知識や技術を参加者がお互いに共有し、現在の救助技術にさらに磨きをかけるとともに、強靭な体力・精神力を養う」こと。つまり「全国規模の訓練大会（総合指導会）」ということが第一であり、勝ち負けを競う性質のものではないのだ。

とはいえ、正義感が強く負けず嫌いなレスキュー隊員が一堂に集えば、そこでは当然のように白熱のバトルが展開されることとなるだろう。しかも「選りすぐりの猛者《もさ》たち」であるから、その迫力はかなりの見ごたえ。

そんな彼らの勇姿を見たいものだが、残念ながらテレビやラジオなどによる中継はいっさいない。ただ、一般の方の観戦は自由で無料だから、会場に足を運べば誰でも見ることができる。

毎年、所を替えて行なわれるもうひとつの「熱い甲子園」、このドラマを楽しんでみたらどうだろう。

54 消防隊員、怒られても返事は「よしっ」とは、なぜ?

各業界にはそれぞれ、独自の言葉づかいや業界用語がある。たとえば芸能界やマスコミ系の職場では、いつ会ってもあいさつは「おはようございます」が決まり文句だ。

これは早朝深夜を問わない仕事が多く、時間帯が不規則なために、あいさつは常に「おはよう」となる。

こうしたことは消防の業界でも例外ではない。訓練や現場などでよく耳にするのが「○○この位置!」という言葉だ。たとえばロープの端を置くときに「端末この位置!」となる。こうした呼称確認は、声に出すことで行動の正確性をより高める目的と、周りにいるほかの隊員に対し、確実に状況を知らせるために行なわれる。

さて、そんな消防現場の「常識」のなかでも、特筆すべきものが「返事の仕方」だ。もし、あなたが上司などから何か指示を受けたとき、さてなんと返事をするだろう。通常は「はい」「わかりました」などと、ていねいに答えるだろう。

だが、消防の世界でもとくにレスキュー隊がそうだが、これがなんと「よしっ!」なのだ。研修や訓練、さらに現場などで教官や上官、先輩からのレクチャーや命令に対し、了解したという返事は、すべてそう答えなければならないのが消防の世界の常識だという。

ある消防隊員によると、「こうした受け答えは消防学校の初任科(採用試験合格後、消防士になるためのカリキュラム)で徹底的に刷りこまれる」そうだ。

では、なぜこうした答え方になったのか? はっきりしたことは不明だが、「教官や上官の指示に対して、『え〜っ?』とか『嫌です』といわさないために、どんなことをいわれても『よしっ!』と認めなければならないのかもしれませんね」と、前出の隊員は話す。

災害現場では、指揮官が「専制君主」にならなければ部隊としての活動はバラバラになり、消火から命がけの救助・救難まであらゆる面に弊害が起きてしまう。

消防活動で万一、統制がとれないことになれば「命の危機」に直結するため、指揮官などの命令には「問答無用」ということになるのだろう。

ちなみに、失敗して怒られたり注意されたりしたときの返事はどうかというと……これもやはり「よしっ！」なのだ。

「そんなことじゃダメだぞ！　わかってるのか！」

「よしっ！」

これが一般企業での受け答えなら、逆に上司から怒鳴られそうな気もするのだが……。

55 コンサートを開催し、CDも出す消防官がいる？

忙しいスケジュールの合間をぬってメンバーとの音合わせを行ない、コンサート活動にCDリリースなど、年間を通して音楽活動に飛びまわる。といえば、売れっ子の「ミュージシャン」ということになる。が、実はこれも消防官の仕事で、全国の消防本部のうち約160近くに設置されている「消防音楽隊」のれっきとした仕事なのだ。

音楽活動を通して「消防活動」を市民へアピールし、お互いの融和を図っていく。そうした考えのもと、1949年の7月16日に旧海軍の軍楽隊出身者をメインメンバーとした「東京消防庁音楽隊」が誕生している。これが「消防音楽隊」の始まりだ。

活動は、市民祭りや防災パレードなど、各自治体のイベントやスポーツ大会、式典などがメインだが、単独でのコンサートを開催しているところも多く、千葉市消防音楽隊のようにプロ野球の開幕式に参加するケースもある。

なかでも東京消防庁音楽隊は「金曜コンサート」と呼ばれる定期演奏会を実施しているほか、これまでにレコードやCDの録音から「オリンピック東京大会」「大阪万博」などへの出演も果たしている。

音楽隊といっても「音楽専任」の隊は、全国でも東京、名古屋、京都、広島、北九州など数える程度で、大半は通常業務を兼ねる「兼務隊」となる。

兼務隊となると、長時間出動が多いため、練習はもちろん、実際の演奏に間に合わないことも珍しくないという。

音楽隊に入るためには、まず消防職員になることが第一で、消防士などを目指す者同様、公務員試験をパスしたのち消防学校に入り、その後の配属で希望を出すというパターンが多い。

資格としては、演奏経験は不問のところが多いようだが、東京消防庁などのようにほとんどが音大出身者で構成されているというケースもある。

おもしろいのは、音楽隊員は消防職員でなくては絶対にダメか、というとそうでもなさそうだ。消防団員の採用を行なっている本部もあるし、また、消防音楽隊と名がついているものの、実際は市が運営しているケースもある。

そのいい例が北九州市で、同市の採用試験は実技と面接のみ。合格した場合の雇用形態は「市の非常勤嘱託職員」となる。

さて、消防音楽隊といえば、その演奏にあわせ、華麗な衣装で旗を振るなど華やかな雰囲気をかもし出す「女性チーム」の存在も忘れてはならない。彼女たちは「カラーガード隊」と呼ばれ、音楽隊と同じく消防職員が兼務することが多い。

音楽隊の活動は年間を通して行なわれており、演奏スケジュールは自治体の広報誌やホームページで簡単にチェックできる。参加費は無料がほとんどなので、ご家族連れやカップルなどで、ぜひ気軽に鑑賞してほしい。

56 給料もいただける「災害救助犬」って？

優れた嗅覚や聴力などをもった犬は、その特性を活かして幅広く活躍しているが、まず思いつくところといえば警察犬、盲導犬、麻薬探知犬などが有名どころ。

最近の福祉や医療の現場では「アニマル・ケア」や「がん探知犬」なる犬も登場して活躍している。

そんなさまざまな分野で活躍する犬たちだが、救助の分野において真っ先に思い浮かべられるのは、セント・バーナード犬。17世紀以降の記録では、アルプス山中の救助活動で、およそ2500名の遭難者を類いまれなる嗅覚でみごとに救助したとされている。

実際、気つけと体温保持のためのアルコールが入った樽を首から下げたセント・バーナード犬の姿は有名で、東京消防庁救助隊のシンボルマークにも選ばれているほどだ。

救助犬という点では、「現代のセント・バーナード犬」ともいえそうなのが「災害救助犬」だろう。倒壊した家屋や瓦礫に埋もれた被災者をレスキュー隊とともに救出する。

そんな救助犬は、これまでに1995年1月の「阪神・淡路大震災」をはじめ、アメリカの同時多発テロなどで大活躍しており、日本でも1990年からそうした救助犬の育成に取り組んでいる。

また海外では、火災の原因を調べる「火災原因調査犬」も活躍しており、調査犬の育成はニューヨーク消防学校などにある訓練施設で16週間にわたって行なわれる。

犬と担当職員は、訓練中は毎日寝食をともにしながらすごし、現場に出られるようになってからもともに住むという「密接な関係」であるという。

こうした調査犬には実際に給料も支払われるのだが、おもしろいのは、それがあくまでも「犬に対しての給料」であるという点だ。

つまり、たとえ飼い主であっても、そのお金は自分勝手に使うことが許されていないのだ。

支払われた給料は、当然ながらドッグフードや健康診断などに使われるので、毎月たくさんの金額が貯金されることとなり、主人よりも犬のほうが金持ちということも少なくないという。

さて、最後に紹介するのは、その名もズバリ「消防犬」。デビューは１９７８年の年末警戒のとき、前代未聞の「消防犬」という珍しさから一躍マスコミで取り上げられた。

この「世界初」ともいえる試みは、当時の千葉市消防局長によって発案されたもので、訓練を重ねることで炎のバリケードを飛び越えたり、火のついたタバコを踏み消したりすることまでできるようになった。本能として火を恐れる犬をここまで訓練するのは並大抵のことではない。

ところが、発案者の局長が異動し、訓練担当者も交代すると、犬の訓練予算が出なかったことや、せっかくの訓練を活かす機会がなくなったことなどから消防犬育成計画はあっさり打ち切られてしまった。

訓練された犬たちも消防の表舞台に立つことなく、訓練所で生涯を終えたという。

57 人命救助に励む救急隊員の怒りと喜び、その理由は？

前に、救急救命士になることは至難の業と紹介したが、そんな彼らが所属する「救急隊」とはどんな職場なのかを、ある大都市圏勤務の救急隊員の方に尋ねてみた。それは想像していた以上に「厳しいもの」だった。

「ちょっとお腹が痛い」「軽い頭痛がする」「ゾクゾクするけど風邪かも……」

これくらいの症状では、とくに病院に行くほどでもないし、家の置き薬か近所のドラッグストアで薬を買ってすませる程度だろう。

だが、なかにはとんでもないことを考えつく人もいる。「よし、じゃあ救急車でも呼ぶか」という思考回路の人間だ。

初めてこの話を聞いたとき、いくらなんでもそれはないだろう、と思ったが、「それが現実なんです」と苦笑する。

なかには、なんと朝晩や、ときには朝昼晩の3回も呼び出しをかけるなど、「年間で100回は楽勝！」などという、おどろくべき記録保持者（？）の「常連さん」もいるという。事実、2004年度「消防に関する世論調査」のなかには、「夜間・休日で診察時間外だった」(15・5%)、「どこの病院に行けばよいかわからなかった」(7・3%)というものから、「救急車で病院に行ったほうが優先的に診てくれると思った」「交通手段がなかった」などの「トンデモ思考回路」の者が意外に多いのだ。ちなみに、「自力で歩ける状態でなかった」(49・8%)「生命の危険があると思った」(38・1%)。

さて、救急車の出動件数は増加する一方だが、なかでもとくに都市部の出動件数が多い。

「私の隊は1日平均10件以上、多いときで14~15件ですね」

ということは、1件の平均出動時間が約70分として……なんと1日の勤務で18時間近くを緊張状態の車上ですごしている計算だ。食事や仮眠なんてまったく不可能。また、出動要請のあった付近の署の救急車がすべて出払っている場合は近隣の署に要請がかかるのだが、10キロ近くも離れた彼の署に要請がまわってくることも珍しくないという。

「現場到着まで渋滞で20分以上もかかって駆けつけたら、片足の落ちそうな人が血の海のなかにいる交通事故現場だったり、すでに心肺停止状態になってしまったこともあります」

そんな無念な状況に彼は怒りをぶつける。

「みんな、少しずつ人殺しなんですよ。対策をとらない国、安易に救急車を呼ぶ人、それを伝えないマスコミ、そして結局助けられない僕たちも……」

人命救助を求めて入ったこの仕事で、助けられたかもしれない人たちが助けられずに死んでいくという「あまりにもむごい現実」、それが救急隊員の日常でもある。

しかし、一刻を争う状態の人を助けられたときや、泣いて喜ぶご家族の顔が見られたときは、何ものにも替えがたい「やりがいのある仕事」であると、誇りをもっていえるのも確かだろう。

58 「レスキュー」と「レンジャー」は、どこが違う？

「レスキュー」と「レンジャー」の両者は、言葉の響きも似ているが、具体的にはどう違うのだろう。ちなみに「レスキュー」とは、英語で「救助」を意味するが、現在、消防における救助隊の愛称として多くの消防本部で用いられている。

「レンジャー」はというと、『大辞林第二版』（三省堂）では「特殊目標の攻撃などの特殊訓練を受けた部隊」とあり、横浜市安全管理局などは、いわゆるレスキュー隊を「レンジャー隊」と呼んでいる。

さて、そんな両者の違いは、どうやら救助技術を修得した「場所の違い」からきているらしい。

もともと日本の消防救助技術は自衛隊のスキルをベースにしたもので、そこからの発展形が、現在広く普及しているものだといえる。

なかでも古くから消防救助隊を組織していた「横浜市安全管理局」と「東京消防庁」は、そのルーツともいえる存在だ。

横浜市安全管理局は、陸上自衛隊富士学校で救助隊立ち上げの際の研修を行ない、陸自の「レンジャー部隊」から「レンジャー技術」を教授されている。

一方の東京消防庁は、習志野の「空挺部隊」から吸収した技術の「レスキュー技術」を完成させている。

こうした消防救助の先がけともなる両雄が確立した「技術とスピリット」は、消防活動における人命救助の重要性が認識されるとともに、他の都市の各本部に広まっていった。

レスキューとレンジャーの名称の違いは、派生元によって異なるが、根本となる「救助精神」はどちらも同じといえるだろう。

59 レスキュー隊のライフル銃は何に使われる?

レスキュー隊の専用車両である「救助工作車」には、事故や災害など、そのときどきの状況を考え、あらゆる場面に対応できるような「資器材（救助ツール）」が積みこまれてい

救命索発射銃

（消防博物館所蔵）

る。

その中身はというと、一般的なロープやはしご、担架などから、チェーンソー、エンジンカッターなどの切断用器具、ハンマー、削岩機などの破壊用器具、さらに空気呼吸器や防護服など隊員を守るためのものまで多岐にわたり、そのアイテム数は200近くになることもあるという。

そんな数々の救助ツールのなかには、「なんとビックリ！」なハイテク器材も少なくない。

そのなかでも驚きは、火災や水難などの災害救助の際に活躍する「救命索発射銃」だ。

これは装填したゴム弾などに、救命索という、要するに細く長いナイロン製のロープをつなげて発射するためのもの。

救命索には救助用のロープなどが結びつけられ、それを要救助者にたぐり寄せさせて救助活動を行なう。

ゴム弾の最長射程距離はおよそ90メートルと、まさしく「銃」という名にふさわしい代物《しろもの》、いや「銃」そのものなのだ。

なにせ、この器材の所持については「銃砲の所持許可」「火薬類譲受・消費許可」など銃刀法に関する手続きが必要となり、さらに車両の積載部には施錠装置が設けられるなど、保管・管理も厳重に徹底されている。

また、重量物排除用器具、つまり重いものを持ち上げるための器材である「マット型空気ジャッキ」などは、読んで字のごとく、空気を入れて膨らませることで重量物を持ち上げる道具なのだが、その重量がまたハンパじゃない。

わずか数十センチ四方程度のマットでも、なんと数十トン（！）もの重量物を持ち上げることができる。ほんの数センチの隙間さえあれば、車1台くらい「いとも簡単」に持ち上がる。

ほかにも「災害の最前線で活躍する高度救助資器材」など、レスキュー隊の装備は想像以上に奥が深い。

60 米海兵隊も使用する世界最新鋭のレスキューツールとは？

レスキュー隊が用いるさまざまなハイテク機器の資器材に、とくに注目してみよう。

実際の火災の煙のなかでは、どのくらいまで先が見えるか想像できるだろうか。ビルやマンションなどの火災現場での視界距離は1メートル？　いやいや全然ムリ。それでは50センチ？　それでもまだ不可能。

肉眼で判別できるのは、せいぜい30センチまでが限度。ということは、つまり自分の目の前にかざした手がかろうじて見えるのが限界だという。こうした状況だから、レスキュー隊などによる建物内での火災対応訓練では、「あるびっくりするようなこと」が常識的に行なわれているという。

煙のなかでの視界ほぼゼロに等しい真っ暗な状況での活動となるため、その状況を想定して、ふだんの訓練は空気呼吸器のマスクに目隠しのカバーをつけた状態でシミュレーション訓練が行なわれている。

そんな状況を一変させる最新の機器が、煙のなかでも通常の視界を手に入れることを可能にした、熱画像（赤外線）カメラ「Navigator」だ。

最新の熱画像カメラ「ナビゲーター」

写真提供：トーハツ株式会社 http://tohatsu.co.jp/・有限会社コムテック http://www.comtec-firemans.com/

ヘルメットに取りつけられる世界最小最軽量のハンズフリースタイルという点から、従来の手持ちのカメラにない自在な操作性が最大の特徴だといえる。

これを使えば、今までの常識だった目隠しでの訓練も不要となり、より救助活動が容易になるというわけだ。

米国製で、輸入に際しては米国政府の輸出許可が必要だが、2005年から(有)コムテックが輸入を開始し、現在「東京消防庁」「横浜市安全管理局」で導入されているほか、欧米ではすでに1000台近くを販売している。このカメラ、イラク駐留の米海兵隊にも配備されるなど、その効果はまさに「世界最新鋭機」にふさわしいものだそうだ。

61 「消防士」は正式な名称ではない、その理由は?

「士」という文字のつく職業といえば、どんなものがあるだろう。思いつくままにあげてみれば、弁護士、司法書士、公認会計士、臨床心理士、管理栄養士、救急救命士、介護福祉士……と枚挙にいとまがない。

おっと、大事な「消防士」を忘れてはいないだろうか。と、いきたいところだが、実はこの「消防士」という名称は、正式な職種名ではないのだ。

それでは「消防隊員?」いや「消防官?」いや、そのどちらでもない。これが実に聞きなれない名称なのだが、正式名称は「消防吏員《りいん》」というのだ。

たしかに消防職員採用試験などで多く用いられている「消防官」という名称も通称ではあるにはあるが、その呼び名は「消防組織法」など法律上では正式な身分ではない。

消防吏員とは「市町村の消防本部に勤務する消防職員のうち、消火・救急・救助・査察などの消防活動を行なう、階級を有する者」のことで、最高位の「消防総監」を筆頭に、すべてで10の階級が存在する。

つまり、マスコミほか一般的に消防隊員の職種名として使われている「消防士」という

消防吏員の階級

階級	役職
消防総監	特別区の消防長
消防司監	人口50万人以上の市の消防長／東京消防庁の次長
消防正監	人口30万人以上又は消防吏員200人以上の市町村の消防長／東京消防庁の部長・方面本部長
消防監	消防吏員100人以上又は人口10万人以上の市町村の消防長／署長など
消防司令長	人口10万人以下の市町村の消防長／東京消防庁副参事など
消防司令	担当課長から係長・主任まで／大隊長から小隊長まで
消防士長	係員
消防副士長	副主任・隊員
消防士	係員

名称は、要するに消防吏員のなかの一番下の階級の名称なのだ。

ここで「消火活動に関わらない消防職員っているの？」と思われるかもしれないが、消防が「市町村の自治体組織のひとつ」であることを考えれば、これはある意味で当たり前のことといえる。なぜなら、各本部や署には実際に消火活動にあたる者以外にも庶務や経理、人事などの仕事もあるからだ。

さて「士」という名称のつく職業だが、元来「士」という言葉には「ことを処理する才能のある者・才能をもって官に仕えるもの」という意味がある。古くは武士・騎士・戦士などに使われており、それが「専門の技術・技芸を修めた者」にも使われたようだ。

こうした点から考えても、一般に浸透して

いる「消防士」という名称は、いかにもいいえて妙なのだが……。

62 消防の世界にも「トッキュー(特別救助隊)」がある?

人気少年マンガ誌の連載や映画で「特殊救難隊」をテーマにしたものがあるが、これは海上保安庁が設置している特殊な海難事故などに対応するための海難救助部隊のことで、創設は1975年、隊の所在地は羽田空港内の第三管区羽田特殊救難基地となる。

ただ、こんな説明も不要ではないかと思われるくらいに認知度は高く、映画「海猿」などでも海上救難の猛特訓のシーンをご覧になった方も多いだろう。

こうした背景からも、同隊の厳しい訓練の内容などとあわせて、「トッキュー」という言葉も一般の方に浸透しているのではないだろうか。

この「トッキュー」だが、実は消防の世界にも存在する。それが「特別救助隊」と呼ばれる、いわゆるレスキュー隊の一部の部隊だ。一般的な知名度はマンガの「トッキュー」には及ばないものの、消防隊員の世界で「トッキュー」といえば「特別救助隊」を指す。

実際、具体的な活動内容は異なるが、試験や訓練の厳しさ、さらに火災から各種災害、事故などの人命救助のスペシャリストとして市民の安全を守るという点では同様だ。

「特別救助隊」の名称で呼ばれるレスキュー隊は、千葉、横浜、大阪など全国にいくつかあるが、なかでも「トッキューのなかのトッキュー」といって過言でないのが、東京消防庁の「特別救助隊」だろう。

１９７１年から正式に活動を開始した同隊は、全国約１万８０００名近くの消防吏員《りいん》（消火活動に携わる消防職員）から厳選されたわずか４００名ほど（22隊）で構成される。

また、適性や希望などによる任命といった形の多い各本部でのレスキュー隊の選抜方法に対し、東京消防庁の「トッキュー」では、毎年6月ごろに学科と体力の選抜試験が行なわれ、３００名近くの志願者に対し採用枠は50名という「狭き門」となっている。

では、試験に合格したら「トッキュー」になれるかといえば、とんでもない。選抜試験の難関を勝ち抜いたとはいえ、それは「トッキュー」になるための訓練（特別救助技術研修）へ参加できる資格を得ただけにすぎない。

研修は夏場に約1カ月間、ロープ結索など救助の基礎技術から、ロープによる渡過・降下・要救助者の救出など、さらに火災現場を想定した救助活動ほか、ありとあらゆる実践的な訓練がギッシリ詰まった内容だ。

しかも、訓練で自分の限界を知らなければ実際の現場では活かせないということから、文字どおり「ぶっ倒れる寸前」まで行なわれるという。

また座学では、さまざまな火災に対する対処法や、人間は災害時にどのような心理が働き、どのような行動をとるかなどを科学的に検証する授業なども行なわれる。人命救助には「理論的な頭脳戦」も絶対に不可欠で、気合いと根性だけでは人は救えない。

この研修、あまりの過酷さに、これまで故障者が出たこともあるというが、それほど厳しい訓練を受けずして「トッキュー」にはなりえないということだ。

63 日本初の女性消防官は、いつ、どこで誕生した?

市民の安全を守る消防や警察などの職業を「公安職」というが、この「公安職」に初めて女性が登場したのは、昭和20年代からだ。

ちなみに最初は警察のほうで、1946(昭和21)年の3月18日、警視庁で63名の婦人警察官が採用されている。

では消防はというと、これに遅れること23年後の1969(昭和44)年2月、川崎市で12名の婦人消防官(現在でいうところの女性消防吏員)を採用したのが第1号だ。

その後、同年の4月には横浜市と埼玉県の越谷市、さらに翌年の4月には千葉、埼玉、茨城の各県で、日立、所沢、朝霞、入間、新座、館山ほか各市で相次いで女性消防官が生まれている。

しかし当時は、女性の深夜業務が制限されていたこともあり、女性を採用する消防本部はごく一部に限られていた。実際、「日本最大の自治体消防組織」である東京消防庁での女性採用は、1972年になってからのことだ。

その後、「女性の深夜業務の制限解除」という労働基準法の一部改正(平成6年)がなされ、「予防事務」や「救急隊」などに比べるとまだまだ少ないとはいえ、ポンプ隊や機関員、さらにはレスキュー隊などに女性隊員を配置する消防本部が増えつづけている。

ちなみに現在、全国の消防吏員数15万4427人のうち女性消防吏員は2053人となっている(いずれも平成17年版消防白書より)。

さて、女性吏員と男性吏員との違いに「制服」がある。現在、東京消防庁では、女性消防吏員の制服に、ひときわ目立つワインレッドの上下でデザインはモリ・ハナエ氏によるものを使用している。

1972年のユニフォームコンテストでは、婦人消防官誕生当時の制服が、人気の日本航空を抑えて「サービス部門1位」となる「厚生大臣賞」を獲得している。

しかし、現場で働く隊員の仕事はあまりにも過酷だ。24時間拘束で神経を張りつめながら、火災が起きれば重たい防火服に身を包み、燃え盛る炎に向けた放水などの消火活動や危険な屋内に進入する救助活動を行なう。まさに危険と隣り合わせの命がけの職業だ。

男性消防隊員は、せっかく消防職の採用試験に合格しながらも、いざ消防学校で初任課程を受講してみると、その厳しさについていけずに、あっという間に脱落してしまう者がいる。早い者では、1週間後には顔を見せないケースも少なくないようだ。

ところが、「女性消防官には脱落者はいない」と話す。女性がこの世界に飛びこむということは「それ相当の覚悟」があってのこと。それに、男性よりも女性のほうが忍耐強いということなのかもしれない。

64 サリン事件でも活躍した「化学機動中隊」とは？

平成7年3月20日、日本全土を震撼させた「史上最大の化学テロ事件」が東京都心部で勃発した。そう、あの「地下鉄サリン事件」だ。朝の通勤時間帯、地下鉄日比谷線内に放置された新聞紙のなかから染み出した「悪魔の液体」は11人の命を奪い、約5500人もの重軽傷者を生んだ。

そんないたましい事件現場に出動し、被害者の探索・救助および有毒物質の除去・洗浄に取り組んだ消防隊がある。東京消防庁の「化学機動中隊」だ。

同隊は平成2年度から配置されている。毒劇物や有毒ガスなどの流出や、病院や研究施設に貯蔵される放射性物質などが原因の「化学災害に特化した専門部隊」という、東京消防庁のなかでもとりわけ特殊な部隊だ。

それを象徴するのが、同隊がメインで用いる「特殊災害対策車」だろう。

さまざまな分野におけるテクノロジーの進化とともに災害も進化をとげていくなかで、消防の分野が担う災害対策も変化しつづけてきた。

たとえば、救助に特化したレスキュー隊のように、以前の「消火活動メイン」以外の災害対応が必須となってきている。

「化学機動中隊」の発足も、そういった経緯によるものだ。

この特殊災害対策車には、140種類以上のガスに対応できるガス分析装置や不明な物質に含まれる成分解析に用いられる「ガスクロマトグラフィー」「放射性物質測定器」など、まさに「専門部隊」と呼ぶにふさわしい最先端の資器材が積載されている。

また、まさに死の危険と隣り合わせの災害現場で威力を発揮する「防護服」も、炭疽菌などの生物剤、有毒ガス、放射線など用途別に各種用意されている。

サリン事件の際、レインコートのような「化学防護服」に全身を覆われた隊員の姿をテレビや新聞で見た方もいるだろう。

この防護服、全体が特殊加工されたゴムでできており、サリンはもちろん、硫酸や水銀など、ほとんどの有毒ガス・毒物・劇物をシャットアウトできるのだ。

だが、着用経験者によると、気密性のあまりの高さから「内部環境」はきわめて過酷で、夏場などはかなり激しい「ダイエット」になるという。

65 火事がないとき、消防隊員は何をしている？

「9回裏、ツーアウト満塁で点差はわずかに1点のリード、さあ、ここで迎えるバッターは4番の強打者ですが……、おっと！　ここで選手の交代です」

「ピッチャー○○に代わり、抑えの切り札、□□投手の登場！　これはがぜん盛り上がります！」

最近では「守護神」とか「クローザー」などと呼ばれているが、昔はこういった状況に登板するリリーフエースは「火消し役」と呼ばれていた。あまり若い方にはなじみのない呼び名かもしれないが、往年の江夏の名火消しぶりに固唾《かたず》を飲んでブラウン管を見つめた方も少なくないだろう。

しかしこの「火消し役」、これもいいえて妙な表現だ。ピンチにさっそうと登場し、厳しい場面をみごとに抑えるその勇姿は、火災現場に急行し、燃え盛る炎を相手に一歩も退かない消防隊員のイメージそのものだ。

そんな「火消し役」だが、ピンチがなければ「火消し」としての出番は当然ない。先発が完投してしまえば、それこそ出番もなくベンチで待機ということになる。

そんなときでも、いつどんなピンチが起こっても、常に最高のコンディションでマウンドに登れるよう緊張感を保ちつづけているのだ。もちろん、そのためにも日頃のトレーニングを欠かさない。

こうした点では、まさに消防隊員も同じことで、火災がないからといって日がな一日ボーッとしておれないほど忙しいのが日常。では、彼らは具体的に何をしているのだろう。

消防隊員の勤務時間は階級や職種などにもよるが、24時間拘束の16時間勤務というケースが多い。

その中身はというと、朝の点呼に始まって車両・資器材の点検、ミーティング、各種訓練やトレーニング、さらに消防団など地域への指導や防災イベントへの参加などから、身体を動かすばかりでなく、各種報告書の作成などデスクワークも盛りだくさんと、びっしりスケジュールが組まれている。

さらには、消防の現場で働く職員は「警防部（課）○○係」といった形で配属され、名称や担当職務は地域で異なるものの、「消防係」「計画係」「防災係」など、いろいろな係を担当することになっている。

彼らには、消防の世界で「警防業務」と呼ばれる、いわゆる火災などによる消火活動以外に、「係事務」という配属部署に応じた担当職務があり、たとえば「防災係」の場合、受け持ちの管轄内にある建築物が、防火の安全基準に沿っているかどうかなどを点検するため、随時街をまわって点検・管理を行なうなどの仕事も課せられている。

イザ登板というときだけでなく、日頃の訓練や業務を着実にこなしていく。それが真の「火消し役」の務めでもある。

66 阪神大震災がきっかけで生まれた「ハイパーレスキュー」って？

1995（平成7）年1月17日、まだ明けきらぬ早朝に起こった阪神大震災は、近年まれに見る超大型災害として記憶も生々しい。

マグニチュード7・2の地震によって淡路島、神戸市、西宮市、芦屋市などが震度7の烈しい揺れに見舞われ、死者・重軽傷者あわせてなんと5万人以上という大惨事へと発展した。

こうした状況を踏まえ、東京消防庁は1996年12月に「甚大な震災や複雑で特異な災害に対処」するために、これまで以上に特殊な技術・能力・機動力をもつ新しい部隊組織を創設した。

これが通称「ハイパーレスキュー」と呼ばれる「消防救助機動部隊」発足の経緯である。構成メンバーは、レスキュー隊のなかでも「最難関にして最も過酷」といわれる東京消防庁特別救助隊から、さらに選び抜かれた精鋭中の精鋭ぞろいだ。

全国でわずか3部隊200名弱というトップ・オブ・レスキューの彼らは、高度な救助・救急技術はもちろん、クレーンなどの重機操作から救命救急士の資格まで、あらゆる震災や大規模災害に対処するための能力を兼ね備えている。

使用する車両も単なるレスキュー隊とは大いに異なり、救助に必要な資器材を積みこむ救助工作車には「Ⅳ型」という、総務省消防庁が指定した大規模消防本部にしか配備できない車両も使っている。

そのほか、建築用の重機をベースとするドラグショベルやクレーン車といった大型重機や、特殊大型救急車、さらにリモコンで操作する無人消防ロボットなど、特殊なものが目白押しだ。

また、資器材についても、震災に特化した「高度救助用資器材」「高度探査装置」など先端技術がふんだんに盛りこまれた内容となっている。

これらの装備はその性質に応じて「機動救助隊」「機動特科隊」「機動救急救援隊」の各隊に分担されており、災害の種類・内容に適した隊や車両、装備をその都度選んで出動することとなる。

これまでの主な活動状況は、２０００年４月に起きた有珠山の噴火災害、２００３年10月の北海道苫小牧市の石油タンク火災など、さすがに大規模なものばかり。

なかでもハイパーレスキューの名を大いに高めたのが、２００４年10月に起こった「新潟県中越地震」だろう。

こうした大規模災害のほかにも、２００１年９月に起きた東京都新宿区の「歌舞伎町ビル火災」など、特殊な状況下における災害時の救助にも数多く貢献している。

また、その活躍は国内にとどまるものではなく、「国際消防救助隊」の一員として、コロンビア、台湾、モロッコなどの大地震の際に海外派遣も行なわれている。

67 「消防職員採用試験」は倍率20～30倍以上の狭き門！

人気の花形職業は、いつの時代も競争率が高く、試験も難しい。パイロットもしかり、弁護士もしかりといったところだが、消防職だって負けてはいない。

いろいろな調査機関が行なった小学生向けのアンケートなどを見ていると、「消防士」は「なりたい仕事」のトップ10にほぼランクインしている。例年の競争率も20～30倍は当たり前で、２００３年度の広島市においては、１０４名の受験者に対し、なんと合格者はたったの2名！ 実に52倍という驚異的な狭き門だった。

では、消防職に就くためには、どうしたらいいのか。試験を受けることになるのだが、ここで勘違いされやすいのが「消防学校」の存在だ。

消防の世界で働くには、「消防学校」を受験して技能と知識を身につけ、晴れて卒業した暁には憧れの消防士に……と想像している人も少なくないだろうが、それは間違いだ。「消防学校」を受ける前に、まず受けるべき試験がほかにある。

日本における消防職員は、最高位の消防総監から最下級の消防士まで、すべて地方公務員だ。ということは、消防士として働きたければ、まずは公務員採用試験を受ける必要がある。この試験は「消防職員採用試験」と呼ばれ、消防本部は直接はノータッチで、市町村の人事課、つまり役所が担当している場合がほとんど。

消防本部が担当するケースは、「東京消防庁」や「大阪市消防局」など、広範囲をカバーするところくらいで、全国的には少ない。

採用試験は採用区分によって分かれるが、5月～6月か、9月～10月のあいだに行なわれることが多く、また年度によっては採用がない都市もある。

試験の内容は、おおまかに1次となる筆記試験ののち、2次、3次の体力・身体検査、面接などへと進むのが一般的。

体力検査などと聞くと、「消防は体力勝負だから、腕立て100回とか……」なんてことはなく、この試験ではあくまでも「基礎的な体力」であり、腕立て数回でも合格、逆に100回やっても落ちる人だっている。

さて、試験対策という点では、公務員試験の予備校に通うかどうかという点も大きなポイントとなるが、独学でも大丈夫という意見もある。

高卒で受験した現役の消防士は、「経済学など学校で習わない部分もおさえながら、出題傾向を踏まえた授業ができる」ので、「高卒には予備校は必須でしょう」とのことだ。

しかし、「大手の予備校なら安心」というわけでもないらしく、予備校選びもおろそかにはできないようだ。

そこでオススメなのが、「まずは消防署に行ってみること」。各署では願書や受験案内が無料で手に入るうえ、「先輩たちの貴重な体験談」が聞けるだろう。

68 全国に56校、入学試験も卒業もない「消防学校」とは？

さて、憧れの消防士になるための第一関門が公務員試験であることは前述したが、その試験をみごとパスしたあとに待っているのが「消防学校」だ。

「学校」と銘打ってはいるものの、消防学校には、いわゆる入学試験のようなものは存在しない。というのも、ここは「消防関連で活動する人たちの研修所」という位置づけになっているからだ。消防組織法によると、消防学校の教育・訓練の目的を次のようにうたっている。

「消防の責務を正しく認識させるとともに、人格の向上、学術技能の修得、体力の練成、規律の保持、協同精神の涵養《かんよう》を図り、もって公正明朗かつ能率的に職務を遂行し得るよう、その資質を高めること」

要は、消防の意義や知識、さらに消防活動に必要な知力・体力・チームワークを身につけるといったところ。

生徒のほとんどは、すでに試験にパスした公務員である消防職員だが、非常勤の公務員である「消防団員」、さらには一般企業などが組織する「自衛消防隊」や「災害救助ボランティア団体」など、民間を対象とした研修・教育も行なわれている。

学校の設置は、消防組織法と各自治体の規則にもとづき、特別な事情がない場合、各都道府県には消防学校設置の義務があるとしている。

つまり、消防学校は各都道府県ごとに存在する。さらに政令指定都市については、独自もしくは各自治体と共同での設置も可能となっており、平成16年4月1日の時点での全国の消防学校の数は、47都道府県のほか、札幌、千葉、横浜など8つの政令指定都市に各1校と、東京消防庁の機関である「東京消防庁消防学校」を合わせた計56校となっている。

学校のカリキュラムには、採用されたばかりの新人には「初任科教育」、一定の経験を積んだ消防士には「専科教育」ほか、「幹部教育」「特別教育」など経験やスキル、仕事内容などに応じた教育科目がいくつも用意されている。

こうしたことから、消防士としての道を歩みはじめた以上、各課程を修了しても、消防学校を「完全に卒業」することはありえないのだ。

似たような名称だが、これまで紹介した消防学校とは一味違うのが「消防大学校」。総務省消防庁が運営する同校は、日本で唯一の「国立の消防教育機関」で、いわば消防のエリート養成所とでもいうべきところ。

したがって誰でも入れるというわけではなく、階級や経験・資格などさまざまな面から選ばれた者だけしか入校できない。

その定員はⅠ期で48名が原則で、各都道府県から1名の選抜となっている。

69 現役若手消防士が語る、消防学校の厳しい生活とは？

火災現場という極限状態にもくじけない強靭な精神力、さらに重装備でホースや機材を搬送し、ホースの水圧にも負けない圧倒的な体力・腕力……と、現場で活躍する消防隊員のイメージはまさに「ストイックでパワフル」という感じだ。

そんな人間たちの登竜門ともいえるのが「消防学校」だ。ということは、やはりそうとう厳しい教育が施されているのではないだろうか。

そこで、東京都内の消防署に勤務する現役若手消防士から、初任科（消防士になるための初等カリキュラム）時代の思い出を交えながら、そのあたりをさぐってみたい。

初任科のカリキュラムは、大きく分けて法律や制度などを学ぶ「基礎教育」と、消防活動の実践に近い内容の「実務教育」の2本柱。そのほか、礼式や無線、体育などを含め、受講する教科目は30弱にもおよぶ。

こうした教育・訓練を受けるために、まず入るのが寮だ。消防学校は全寮制で、土日祝日は休校のため自宅に帰れるが、月~金は寮での共同生活となる。しかし、「自分のときは最初の3週間くらいはずっと寮生活で、帰れるようになったのは、そのあとですね」というケースもあるそうだ。

「基本的に規律は厳しいんですが、特に前期生の『でき』しだいというところもあるようです。自分たちの場合、どうも前期生の『でき』が悪かったという噂が……」

ちなみに寮生活では、自家用車の乗り入れや、アルコール類、携帯電話、トランプ、週刊誌などの持ちこみを禁じている学校がほとんど。少し厳しいようにも思うが、しかし彼らは、すでに消防組織の職員だ。学生とはいえ、学費納入の義務がないばかりか、「公務員」として自治体から給料も出る身分。大学や専門学校などの「学生生活」とは当然違って当たり前ということになる。

さて、厳しいといえば「体力系」を欠かすことはできない。なかでも、彼が思い出に残る苦しかったものとしてあげるのが「山岳訓練」だという。

これは高尾山をぶっ通し走りつづけるというもので、ほぼ丸1日がかりだと、ある隊員は話す。そんな鬼教官を彼は「神」だという。指導する上官は現役のレスキュー隊員などで、歯向かってもかなう相手ではない。

「というよりも、技術・体力面はもちろんですが、『人命救助のプロ』である上官に『今は人を救うよりもおまえたちを鍛える』といわれたら、〈貴重な時間を自分たちのために割いていただいてありがとうございます！〉という気持ちになりました」

そんな彼の学校最終日の思い出は、「じゃあ最後の日だからスクワット3000回！」だったらしい。

それは卒業最終日の恒例行事なのかと尋ねると、「いえ、単に教官の思いつきみたいです」と苦笑した。

70 危険で過酷な消防職員の給料は、それなりに高額？

消防職員（消防吏員）は、火災などの災害現場という危険な場所も職場になるうえ、24時間拘束の実働16時間などと、きわめて過酷で特殊な職業だ。いざ緊急事態！となったら、食事も風呂も放り出して出動しなくてはならない。

そんなきつい命がけの日々を送る彼らだけに、それに見合った給与も格別なのでは……と推測する方もおられるのではないだろうか。

だが、そうでもないというのが現実のようだ。第一に消防職員はすべて地方公務員であり、各自治体によって額は異なるものの、消防だけに特別な設定があるわけではない。

S市の消防事務に従事する職員の特殊勤務手当例

種類	支給対象	支給額	
出場手当	火災、救助、風水害等の出場で消防活動業務に従事した職員のうち、大型車両の運転業務に従事した職員	1回	700円
	火災、救助、風水害等の消防活動業務に従事した職員のうち、上記以外の職員	1回	380円
火災原因調査等手当	火災原因、爆発原因及び危険物流出原因調査業務又は損害調査業務に従事した職員	1回	380円
煙火業務手当	著しく危険な検査及び実地指導業務に従事した職員（立入り検査証を交付されている職員）	1回	500円

確かに一般の事務職と比べれば若干は高いかもしれないが、決して群を抜いて高給取りというほどではなく、それどころか身体を張った仕事と考えたら、むしろ少ないのではないだろうか。

また、基本給には、扶養、住居、通勤といった一般的な手当てのほか、消防ならではの手当て「特殊勤務手当」がつく。これは「一般職の職員の給与に関する法律／昭25法95」の第13条「著しく危険、不快、不健康又は困難な勤務その他の著しく特殊な勤務で、給与上特別の考慮を必要とし、かつ、その特殊性を俸給で考慮することが適当でないと認められるものに従事する職員には、その勤務の特殊性に応じて特殊勤務手当を支給する」というもので、まさにその内容は消防職員のためのものといってもいいような内容だ。

だが、その支給条件や内容は、なんとも厳しいものなのだ。地域にもよるが、ある政令指定都市のケースでは、現場配置直後の新人消防隊員で24時間拘束でも火災がない場合、夜間特殊手当と拘束手当を合わせた時間給で約１４００円にしかならない。

さらに火災による出動があった場合でも、火災出動手当は出動１回につき、昼間で約５００円、夜間でも約８００円にしかならない。ほかにもいろいろな項目があるものの、どれも数百円単位のうえ、地方財政が厳しい昨今では、手当ての支給取り止めも日常茶飯事だというのが現実のようだ。

こうしたことからも、消防隊員は命がけの尊い仕事であり、まさに「金銭目的」のためだけの職業ではない……といわざるをえない。

最近では、地方公務員と民間との給与格差の問題がメディアなどに取り上げられる機会も多いが、こうした側面もあることにぜひ、注目してほしいところだ。

71 レスキュー隊員と消防隊員は、どこがどう違う？

レスキュー隊員と消防隊員の違いは、まず両者のユニフォームの違いから見分けがつく。

通称「オレンジ」とも呼ばれるレスキュー隊員の制服は、まさに目にも鮮やかなオレンジ色だ。

一方の消防隊員は、耐熱服、執務服、防火服など、災害現場でのシチュエーションによって異なるが、ドラマなどのイメージから「シルバーの耐熱服」のイメージが思い浮かぶだろう。

だが、両者の違いは当然、見た目だけではない。その最大の違いは、消防隊員は「火災の消火活動がメイン」であるのに対し、レスキュー隊員は「人命救助が最優先事項」という基本的な役割の違いがある。

元来、消火と人命救助は、ともに消防隊員の仕事だった。しかし昭和30年代以降、各産業での技術革新が進むなか、たとえば新建材による火災では、煙や有毒ガスの発生が炎以上の脅威となるなど、火災や事故のレベルも進化を遂げていく。こうした状況にともない、消火と並行した救助活動の重要性が叫ばれるようになっていった。

消防における救助隊の必要性をはっきりと認識させる火災が起こったのは、昭和30年2月17日、横浜市の養老院「聖母の園」で起こった火災だ。

発生からわずか20数分で建物全体に火がまわるという「救助活動もままならない状況」を引き起こし、入居者の99名が死亡するという、一施設の火災としては過去に例のない大惨事となった。

このいたましい事件以降、全国の消防本部で「人命救助の専門部隊（今でいうレスキュー隊）」が次々と発足していく。

ただ、当時はまだ法令での設置は義務づけられておらず、あくまで「各本部の自主的な動き」によるものだった。

救助隊設置が法制化されたのはかなり遅く、昭和61年の消防法改正時だが、これによって市町村ごとの格差の是正や救助体制のさらなる充実・強化が図られたといえる。

ちなみに、ちょっと気になる「レスキュー隊第1号」はどこかというと、残念ながら今となっては調べようがないのが実情だ。

なぜなら、「運用を開始した年」や「担当部局の発足した年」、あるいは「企画を立ち上げた年」など、各本部がいろいろな根拠から「ウチが一番！」とそれぞれ名乗りをあげているからだ。

共通する「公式な記録」というものが特にないため、第1号を明確に決定するのは難しいと関係者は説明する。

関係者の話では、横浜ではないかという意見が多数を占めたが、はたして真相は？

72 消火活動をしない消防隊員の重要な仕事とは？

一見しただけではわからないが、消防職員の仕事は多岐にわたっており、担当する仕事にもさまざまな職種がある。

最も一般的なのが、いわゆる火災現場での消火活動にあたる「消防隊員」だろう。正確にいえば消防の部隊はすべてが「消防隊」なのだが、通常消防の世界では、消火のための機械装備であるポンプ車を用いて「消火活動をメインで行なう隊」が消防隊と呼ばれる。ちなみにこの名称だが、東京では「ポンプ隊」、大阪では「消火隊」など、地域によって統一されてはいないようだ。

消防学校での初任教育後、消防活動の基礎を学ぶためにこの消防隊員は、いわば「消防の登竜門」。ここから、はしご隊員や救助隊員、救急隊員など、いろいろな方面への道が開けていく。

そんななか、「実際の消火や救助ではない部分から火災による被害を抑える」という、特殊なポジションの消防職員がいる。それが「火災原因調査員」だ。あまり耳慣れない職種名だが、目にしている人は意外に多いかもしれない。

というのも、「バックドラフト」という映画のなかでロバート・デ・ニーロが演じているのが、まさにこの役柄なのだ。

「火災がいかにして起こり、どういった規模でどの程度の損害を生じさせたか」といったデータは、類似火災の防止などに貢献する資料となるうえ、安全基準などの資料づくりにも役立つ。

そうした観点から、本格的な火災調査が実施されるようになったのは1948年8月1日。消防法施行にともない、各消防本部などに予防部調査課が新設されたことで、消防独自の立場から法的に明確な根拠をもつ調査が行なわれるようになった。

火災現場では、調査対象が原形をとどめないといった状況が日常茶飯事のため、非常に微細な「炎の足跡」を追わねばならず、調査員には長年の経験はもちろん、高度な分析機器を自在に駆使しながら、そのデータを解析・処理する能力も要求される。

そこで、基本スタイルは「長靴履きにカメラ片手」の地道な作業なのだが、最近では漏電箇所の測定が可能な「漏洩電流計」などのハイテク機器も導入されている。

また、昨今は外国人の関係した火災も増えており、調査に際しての言葉の問題などから現場での通訳の業務も行なうケースも多い。

さて、TVニュースなどで「警察と消防の調べでは……」というコメントを聞いたことがあるだろう。この「消防」の部分は、実はこうした調査員からの調査報告を指しているのだが、この両者には大きな違いがある。それは、警察は犯人検挙を最終目的に「火災の事件性」を捜査するが、消防はこれまで述べたとおり、あくまで「火災自体の原因究明」を行なっているという点なのだ。

73 英語必須のインターナショナルな「国際消防救助隊」とは？

火災や災害は日本に限ったことではなく、世界各国あらゆる場所で日々起こっている。それどころか、広い世界のなかでは毎年のように大災害が発生するものだ。

ごく最近では日本の各業界、特に航空業界に大打撃を与えたハリケーン「カトリーナ」が記憶に新しいところだ。

こうした海外の災害、特に開発途上の地域での大規模な災害に対し、先進国日本が行なっている活動がある。それが「国際緊急援助隊」と呼ばれるもので、そのなかの救助チームが「国際消防救助隊（International Rescue Team of Japanese Fire Service略称ＩＲＴ－ＪＦ）」だ。

ちなみにこのチームは、まさに日本が手をさしのべるという意味も含め、「愛ある手」

の愛称をもつ。

発足のきっかけは、１９８５年に起きた、メキシコやコロンビアでの大地震や火山噴火などの大規模災害だ。

このとき、先進諸国はすぐさま救助チームを編成し被災地に向かったが、当時日本ではまだ国際的に活動する救助隊がなかった。

そこで同年の暮れに行なわれた閣議で「国際緊急救助体制」を組織することを決定、その後、当時の自治省消防庁（現在の総務省消防庁）が事務局となり、翌年４月に初の国際消防救助隊合同訓練が開催された。事実上これが「救助隊の発足」となった。

その年の８月、発足後初の海外派遣となるアフリカ中西部のカメルーンを皮切りに、これまでの救助や支援活動での派遣実績は13回。なかでもコロンビア、トルコ、台湾と次々に大規模地震が発生した１９９９年の各被災地では、日本チームの大活躍が世界各国で報道されることになった。

そんな「世界でもトップクラスの救助技術」との定評がある同隊だが、そのメンバー構成はどうなっているのだろう。

基本的には、各地域の消防機関に属す消防職員が希望を出して審査を受けるというスタイルになっている。ただし希望を出せるのは、「消防庁長官が指定する消防本部管轄の機関に属している職員であること」が前提条件となる。

特に緊急を要する救助活動だけに、交通の便が悪く、集合に時間のかかる地域の消防本部などは除外しなくてはならないからだ。

現在、国際消防救助隊は、全国62の消防本部から資格や特技などにより選抜された599名の救助隊員で構成されている。

海外での活動は国内とまったく異なる制約や障害も多く、一般的な訓練はもちろん、諸外国を理解するための講義といった特別なカリキュラムも組みこまれている。

そこで重視されるのはやはり語学力。現場での救助はすべて「異文化コミュニケーション」となるこのチームでは、やはりTOEICなど英語系の資格も「立派な武器」となる。

74 世界最古の消防隊は、いつ誰がつくった？

火事があればそれを防ぐための手だて（組織）が生まれるのは必然のこと。

そこで、歴史上最も古い消防隊は、いつどこで誰が……ということになる。現存する最古の記録では、紀元前17年、ローマ帝国の初代皇帝であるアウグストゥスによって組織されたものだとされている。

ただ、これ以前にも神殿の護衛を含めた火災警戒の制度はあったようだが、奴隷を使っての「火災や盗難防止などの夜間警戒」程度のものでしかなく、消火としての効果はほとんど発揮されなかったという。

シーザーの養子であった皇帝アウグストゥスによる消防隊は、消火係、人命救助係、現場の照明係など全部で7隊編成となっており、各隊は500名前後（隊によっては100～1000名ともいわれている）で構成されていたようだ。

日常の業務としては、市の周辺に建てた「やぐら」から見張りを行ない、火災を発見した際はラッパを吹いて知らせるというものだった。

そんな彼らの消火活動に関する装備品だが、これが意外にシステマティックだったようだ。たとえば、バケツや水がめなどの利水関係から、組み立て式のはしご、さらには「牛の腸から作ったホース」など、必要となる用具はそれなりに揃えていたらしい。

また、火災で焼けた瓦礫を排除するための斧、ハンマー、のこぎりなども常備していたというから、かなり本格的な消火活動のシステムが組まれていたと想像できる。

さて、ではここで問題。彼らの装備品のなかには、「世界初のレスキューツール」も用意され、実際にそれで人命救助も行なわれていたという。その品とは、いったいなんだったのか？

ヒントは「同時代にも、すでに数メートル程度の高層建築などがあった」というところでいかがだろうか。

さて、正解は救助マットの前身ともいえる「大きな枕」なのだ。数メートル程度とはいえ、そのまま飛び降りてはやはり危険というわけで、建物から飛び降りて避難する人のためのクッションが施されていた。

また、こうした装備品のほか、特に大火の際にはサイフォンを使って水を吸い上げるポンプ式のような仕組みの機械もあったとされている。

歴史上最古とされるこの時代の消防隊は、現代のルーツとなるさまざまな知恵がすでにほどこされた画期的な組織だったともいえる。

PART4　「火災と消火」の謎

75 火災原因の思わぬ盲点「トラッキング火災」の恐怖！

平成17年版の消防白書によると、日本の平成16年内での総出火件数は約6万件で、最も多い出火原因は全出火の約13・6％を占める「放火」だ。次いで「タバコ」が約10％の6128件で第2位、3位は「コンロ」となっている。

発生場所別では、オフィスビルや飲食店などの「建物火災」が約55％と全体の半数以上を占め、さらにその半数以上が一戸建てやマンション、アパートといった「住宅火災」。

ちなみに住宅の場合は先ほど3位だった「コンロ」が出火原因の第1位となり、その70％近くが「消し忘れ」という、「ちょっと目を離したすきに……」といった不注意・不始末によるものである。

実際、「火気の取り扱いに関する人為的な不注意や不始末」などによる火災は非常に多く、実に全出火の約60％にもおよぶ4万件近くにものぼっている。

だが、火災の原因は、なにもこうした「明確な原因」があるものばかりではない。

ある女性の寝室で火災発生。しかしそこにはストーブはおろか、彼女がタバコを吸わないこともあって、火を起こせるようなマッチやライターなどもいっさい置かれていなかっ

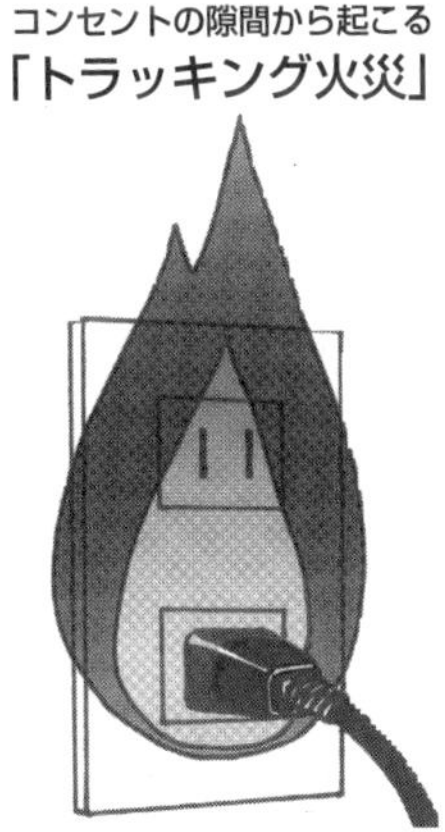

コンセントの隙間から起こる
「トラッキング火災」

た。放火の形跡はなく、山火が室内から起こったのは確実。

だが、部屋にはカギがかけられており、室内へ何者かが侵入するのは不可能だ。まるで密室殺人のような展開だが、こんなサスペンスドラマのような火災が、あなたの家で起こる可能性も十分にありうる。

それが「トラッキング火災」だ。前述した「住宅火災」には、電気機器などの配線に関するものが約８％あるが、その約半数がこの火災だといわれている。

冷蔵庫、テレビ、パソコンなど、家庭にある電化製品のコンセントは、いったん差しこんだら通常はそのままだろうが、このコンセントに実は「大いなる危険」があるのだ。

コンセントのプラグは、しっかり差しこん

だつもりでも差しこみ口とのあいだにわずかな隙間ができている。そこに空気中のほこりや水分が付着すると、本来は絶縁状態にあるプラグの両刃のあいだに放電が起こり、電流が流れてしまう。

こうした状態が繰り返し起こると、プラグの両刃間に「トラック（炭化導電路）」と呼ばれる「電気の通り道」が生まれ、電気抵抗の関係から発熱、さらには発火にいたる。

「トラック」が生じても電化製品自体には問題が起きないケースが多く、発見が遅れる要因のひとつにもなっている。

予防策は実に単純で、差しこんだままのコンセントはときどき抜いて、プラグを布で拭けばいい。また、使用後はプラグを抜いたり、さらにプラグやコードが異常に熱くなったりした場合は、使用をやめて電気店に点検してもらうことも必要だ。

76 出動時の「すべり棒」、今でも使われているのか?

「ことばの常識」は、国、地域、環境、仕事などによって通じないことがある。芸能界などのあいさつ用語もしかり。消防の世界でも、火災などの「現場」を「げんじょー」と呼んだり、災害現場へ向かうことを東京では「出場《しゅつじょう》」、大阪では出動（出勤）などという。

今はなき「すべり棒」

そうした数ある業界用語のなかでも誰もがイメージするものがある。それはあの「鉄棒」だろう。

そう、隊員が緊急出動の際、「ススーッ」と滑り降りていく鉄棒のことだ。これまでに観た消防関連の映画やドラマでも、ほぼすべてが「すべり棒」のシーンが登場するのがオハコ（十八番）だった。

ところが、取材した消防職員のすべてが口をそろえる。

「ああ、あれですか、今はもう使ってませんよ」（！）

一刻をあらそう緊急出動のときに、上階からサーカス団のように勢いよくすべり棒を伝って滑り降りていく。

原始的とはいえ、とても合理的な方法だと

思える「すべり棒」だが、あの勇ましい光景も、今は昔。

その理由は、なんと「危ない」という単純な理由だという。昔から着地の瞬間に消防士が足首などを捻挫し、現場に着く前にすでに肝心の消防士が「緊急事態」になるという、とんでもない事故が少なくなかったらしい。改築したり新設したりする署には、今では間違いなく「すべり棒」は設置されてないという。

77 消火に使った水道料金は誰が払う？

燃え盛る炎に向けて放水される水の量は、火災の規模にもよるが、1回の消火活動で一般家庭のおよそ2～3カ月分に相当する。

ある地域では、1年間に発生した「放水の必要な火災件数」で総放水量を割ったところ、火災1件あたりの使用水量は10数キロリットルだったとか。

さて、水を使えばその使用量を支払うのは当然のこと。日々の飲み水や風呂などに使用した水道料金は、しっかり水道局からわれわれに請求がまわってくる。

では、これだけ大量の水を使う消火活動の水道料金は、いったい誰が支払っているのだろう。その答えを出す前に、消火と水の関係について少し触れてみよう。

そもそも、火災の消火にはなぜ水が使われているのだろう。コンビナートなどの特殊な火災では特別な液体も使われているように、もっと消火力のある便利な溶液だってほかにもあるだろう。

しかし、水は安価で豊富にあること、それに難しい知識がなくても使えることなどの利点が多い。さらに、気化熱が高いので蒸発しづらいことから、保管・保存にも適しているのが主な理由のようだ。

消火に用いられる水源、いわゆる消防水利には、消火栓、防火水槽などの人工水利と、河川、池、海などの自然水利がある。東京では現在、消火栓が人工水利のおよそ80％を占めている。

ちなみに東京初の消火栓設置は、明治31（１８９８）年11月である。消火栓の設置は、明治25年からスタートした大規模な水道施設工事と並行して行なわれたのだが、そのもととなったのが明治23年に制定された「水道条例」だ。

消防活動に関する水道料金については、この条例の第16条を母体とした現「水道法」の第24条に「水道事業者は、公共の消防用として使用された水の料金を徴収することができない」という一文がある。

つまり、原則として「消火に使った水道料金は支払う必要がない」というのが、疑問の答えだ。ただし、地域によって個別の法令などがある場合は、この限りではない。東京都の場合は、火災現場等で使用した水道料金については地方公営企業法第17条の2などの項目にもとづき、水道局が負担する形をとっている。

横浜市の安全管理局では、1年間に使用した水量から計算した料金を水道局に納めているようだ。

78 「大火」と「ぼや」の明確な区分とは?

ひとくちに火事といっても、いろいろなケースがある。ちょっとした火の不始末から起こる小さなものから、コンビナートや高層ビルなどの大火災まで、さまざまだ。

では、こうした火災の大小、なかでも「大火」や「ぼや」という火災は、どのような区分になっているのだろうか。

まずは「大火」についてだが、一般的には「大規模な火災」あるいは「広域にわたって多くの家屋を焼失させた火災」を「大火」と呼んでいるものの、具体的な大火の定義はないというのが実際のところ。ただ、いくつかの定義のようなものは存在する。

明治14年に刊行された東京帝国大学(現在の東京大学)の学会誌「理科会粋・第三帙」

のなかに、江戸・東京の大火について総合的に分析・研究した論文が掲載されている。

その内容は「火元から焼けどまりまでの間に直線を引き、長さ15町(約1635メートル)以上に達したものを大火と呼ぶことにする」というもので、当時これに該当した93件の火災を大火と名づけている。

一方、「損害保険料率算定会」の「大火調査資料(昭和29年発行)」によると、「焼失建物50戸以上の火災」を一応の大火の基準として調査対象にしている。

また、国家消防庁(現在の総務省消防庁)が1951(昭和26)年に提出した「大火災の動態調査報告方について」のなかでは、「焼失面積が3千坪(約1万平方メートル)以上の火災」と指定されている。だが、この報告書では「2千坪(約6060平方メートル)以下のものでも通常『大火』と呼ばれるものに準用する」としており、結局どうなの? といった感がいなめない部分もある。

そんななか、今日における大火の基準「らしきもの」としては、「消防白書」の「昭和21(1946)年以降の大火」の注の欄に書かれている「大火とは建物の焼失面積が33000平方メートル以上の火災をいう」というものがある。とはいえ、これもあくまで資料として選出するために便宜上定めたものであるようだ。

これに対して「ぼや」には、しっかりとした区分がある。

現在、火災の焼損程度は4段階に区分されており、「ぼや」は全焼・半焼・部分焼の次にくる「火災レベル」のことを指す。具体的には「建物の10%未満を焼損した場合で、かつ焼損床面積もしくは焼損表面積が1㎡未満のもの又は収容物のみを焼損したもの」とされている。

ちなみに、「ぼや」は「被害の少ない火災」という点から、「大火」の対語として1970（昭和45）年までは「小火《ぼや》」という当て字を用いており、現在では「ぼや」と平仮名表記になっている。

79 放水時に消防士にかかる圧力って、どれくらい強い？

火災現場で燃え盛る炎に向けていざ放水！

映画やテレビドラマなどで目にする「いかにも消防隊員らしい姿」といえば、やはりこれで決まりだろう。

事実、ホースの先を自在に操り、炎を鎮圧していく勇姿を見て、消防士を目指したという人も少なくないはずだ。

そんな放水時、あのホースにはどれくらいの圧力がかかっているのか、想像したことが

ノズルにかかる圧力と反動力

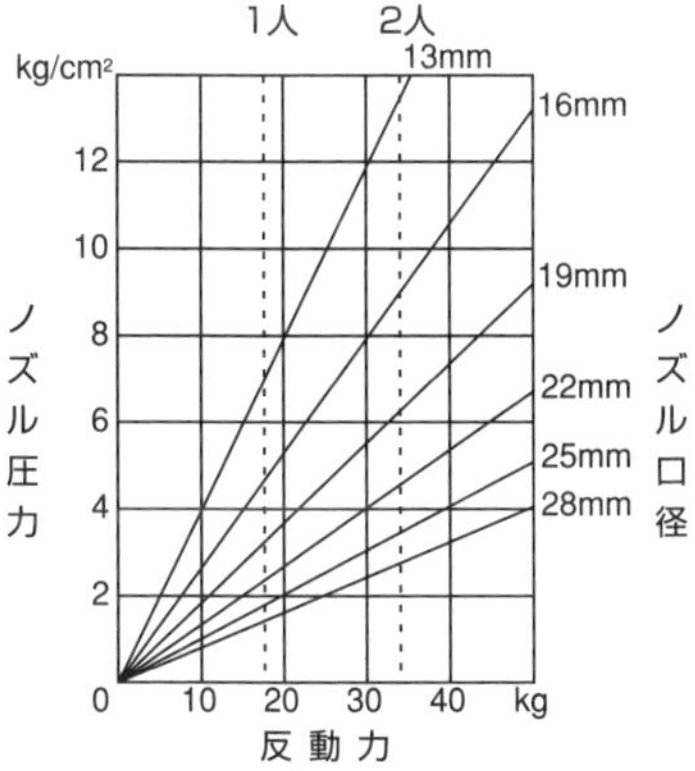

あるだろうか。その前に、まず知っておかなければならないのが「人間の耐反動力の限界」についてだ。

さて、ここで子供のころに運動会でやった綱引きを思い出してほしい。

両チームが互いに綱を引っ張り合うあの競技だが、相手チームの力が強ければ引っ張られ、逆に自分のチームの力が強ければ引っ張っていける。拮抗していれば自分の身体はその場にとどまっていたはずだ。

このように「ある程度以上の力」がかかると、人間はその力に耐えきれなくなってしまい、その限界が成人男子ひとりの場合約20kgとなるそうだ。

つまり、これ以上の力がかかってしまうと自分の身体をコントロールできなくなってしまうというわけだ。

では、放水のときの限界というと、ノズルにかかる放水時の水圧が、一般に使われているノズル径が19～23ミリということから考えると、ひとりの場合でおよそ3キロ程度までとなる。

慣れた隊員が頑張れば、最大5キロ程度までの放水は可能なようだが、この場合、筒先をコントロールすることはまず不可能だ。

なぜなら、じっと一カ所に狙いを定めて単に放水するだけならばいいのだが、実際には生き物のごとく暴れまわる炎に対しては、それではまったく用をなさない。

ちなみに、このとき放水される水の量は1分間に約400～500リットル。家庭のお風呂がほぼ200リットルだから、1分間で約2杯という計算になる。

80 1000℃の高熱にも耐える「耐熱服」の秘密

防火服がよりカラフルでファッショナブルに変化していったのに対し、銀色でごわごわ感の昔ながらのスタイルが「耐熱服」だ。

そんな昔のSF映画に登場する宇宙服のようなレトロ感覚あふれる耐熱服だが、文字ど

特殊消火服の「耐熱服」

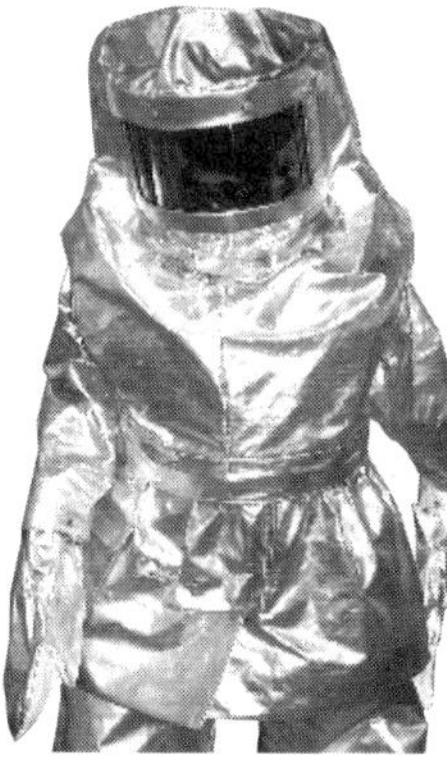

（写真提供：東京消防庁）

おり「熱に耐える服」という点では、防火服のレベルを超越した「ケタはずれの性能」を誇る。

市街地の住宅火災など「一般的な火災現場」で用いられる防火服に対し、別名を「特殊防火服」ともいう耐熱服は、航空機やコンビナート、トンネル内など、一瞬で高熱が発生する危険度の高い、特殊な火災現場での人命救助や消火活動に使われる。

それでは、いったいどれだけの温度まで耐えられるのだろうか？ 防衛庁が設けている基準では「900～1000℃の熱に4分間接しても、服の内側の温度が25度以上にならないこと」とされている。

そういわれても、この「ものすごい高温」というイメージが、いまいちピンとこない。

1000℃という温度は、炎からの距離で換算すると、およそ2～3メートルの位置に感じられる熱さだ。まさに〝ほぼ炎の目の前〟といってもいいくらいの近さである。仮に生身で立っていたら、3秒以内には痛みを感じ、7秒近くで水ぶくれができるほどの、想像以上の高温なのだ。

こうした過酷な状況下に耐えうる耐熱服は、発生する輻射熱の85％以上をはね返す全身を覆う表面の「アルミ蒸着層」や、耐熱・耐火などに優れた素材を防火服よりも何重にも重ねた層構造の仕組みになっている。それに、縫製の糸にも耐熱繊維を用いるなど、耐熱服には随所に工夫がほどこされている。

また、高温の空気は呼吸器系にも大きなダメージを与える。普通に呼吸すれば、口内、気管支、肺などは確実に重症の火傷を負ってしまう。

空気ボンベを背負ったとき、ボンベ自体も耐熱素材でカバーされて身体を保護する構造となっている。

ただ、抜群の耐熱性を誇るこの服も、絶対に「燃えない」わけではなく、「炎のなかに突入する消防隊員」などというアメリカ映画の勇ましいワンシーンみたいなマネは無理。しかも、そうした消防活動自体が日本では禁止されている。

81 思わず欲しくなる「消防グッズ」はどこで買える？

鉄道、航空機などと同様に、消防関連にも、さまざまなグッズがある。

一般的に手に入りやすいものは、ネットや専門のショップなどで買えるTシャツやキャップ、ストラップ、ミニカーなどだろう。

通常のネットのオークションサイトなどでは、防火服やヘルメットにつける徽章、さらに各消防本部が独自に制作している「ノベルティグッズ」といったかなりの「レアモノ」が、ごくフツーに出品されていたりする。

たとえば「消火器型消しゴム」や「消防課長机上プレート（！）」、さらに「某消防局長から贈呈された置物の盾（!!）」などの逸品（？）がそろっている。

海外の消防署ではTシャツなどのオリジナルグッズを制作し、一般市民に販売するのが常識だが、日本でも東京消防庁など大きな本部では、管轄の消防学校などでグッズ販売を行なっている。

東京都内に勤務するある消防士は、オリジナルTシャツは職員どうしの士気や団結力を高めるという意味で、ほとんどの署にあると話している。

販売が目的ではないため、直接消防署に行っても買えないそうだが、手段としては職員の家族や知人のつてを使う以外にはないようだ。

また、老舗消防車メーカーのモリタには「業界の人には知れ渡っているのに、けっこうレア」という「マニア垂涎の一品」がある。それが「赤缶入り消防せんべい」だ。

製造は4～5年ほど前からとのことだが、同社のホームページにあるグッズ販売コーナーに、その姿はない。なにせ「非売品」なのだから。「当初はお客さまや工場見学に訪れた方に配っていましたが、今では株主の方に配るのがメインですね」と、モリタの広報担当。

同社では、ほかにも「消救車型の防犯ブザー」など数々のユニークなグッズを取りそろえている。

82 外食厳禁など、消防署の厳しい「掟」とは？

航空業界では、フライト中、コックピットで食べる機長と副操縦士の食事メニューは違うものが出されるのは、当たり前の常識だ。「役職が上の機長と同じものを、下の副操縦士が食べるなんて10年早い！」などという理由からではない。

仮に同一のメニューであった場合、その料理に菌などが入っていたとしたら、機長と副操縦士とも操縦に支障が起きる。メニューを変えることで、食中毒などの危険を回避できる確率が上がるために「違うメニュー」が出される。

そうした職場ごとの「掟」ともいえるものが、消防の職場「消防署」にも存在する。

東京都内のある署に勤務する消防士によると「全国の消防署内には15メートルのはしご」があるという。さて、その使い道はというと、全国消防救助技術大会の種目のなかに15メートルのはしごを登る競技があり、その訓練用に備えているそうだ。ちなみにそれ以外にはまず使われることがない代物だとか。

はしごが設置される場所は、とにかく空いている場所ということで、壁に立てかけられているケースが多いそうだが、なかにはスペースの関係上、ベランダを突き抜けて置かれていることもあるという。前述したパイロットには食事の「掟」があったが、消防署の食事にも厳格な掟がある。それは「コンビニ」「外食」厳禁！というものだ。

「火災発生！ ただちに現場へ急行！」、そんな指令室からの緊急通報に対し、「すみません、今ちょっと機関員（消防車を運転する人）がコンビニに買い出しに……」ではすまされない。

実際、消防署では、勤務中の職員は「災害出動」か「署外活動」以外では消防署から出てはいけない決まりがある。そうかといって、毎日出前や仕出し弁当では、特に食費補助などはないため、けっこうな出費となってしまう。

そこで、全国的にも「署内で自炊」を行なうというケースが多いようだ。ある若手の消防士は、「食事づくりは基本的に若手の仕事なので、これから消防士を目指す人には、ぜひ料理の腕を磨いておくことをオススメします」といって苦笑した。

83 実は「消防庁」は2つあるのだが、その違いは？

新聞やTVなどのニュースでよく目にする「消防庁」という名称。その言葉の響きから「国の機関だよね」と考えてしまうのは、ちょっとばかり早合点というもの。

実は「消防庁」には「総務省消防庁」と「東京消防庁」の2種類がある。また、「総務省消防庁」の通称が「東京消防庁」だと思われているケースもかなりあるようだが。そうではなく、この2つの組織はまったく異なるのだ。

ではその違いは、というと、これはけっこう簡単なことで、ひとことでいえば「総務省消防庁」は「国の行政機関」であり、「東京消防庁」は「東京都の行政機関」ということになる。

ただ、「庁」という名称は行政組織上、「国の行政機関につけられるもの」と国家行政組織法によって定められている。そこで単に消防庁といった場合、通常は総務省の外局である「総務省消防庁」を指すことになる。

では、日本全国にある自治体消防のひとつである「東京消防庁」にも「庁」の字が使われているのはなぜだろう？ その歴史的背景は以下のとおりだ。

東京消防庁はもともと東京消防本部という名称で、昭和23年3月7日に警視庁から自治体消防として分離独立することで誕生した。しかしその約1カ月後、連合軍総司令部、いわゆるGHQの関係者と東京都、警視庁および東京消防本部の関係者によって、「東京消防本部の名称変更に関する会議」が行なわれた。

この会議はGHQ関係者による「警察と消防は同格であり、重要性も同じ」「警察と消防は歩調をそろえるべき組織である」「日本の警察と消防は、地位や待遇はかすべて同一でなくてはならない」といった考えから、「名称改正の必要性」を訴える強い意向によって開催されたものだ。

「消防の組織およびその長の名称は警察と同一にすることが民主的だ」とするGHQ側の意見に対し、一部から反論などが出たものの、最終的にはGHQの提示した意向を東京都が再度自主的に汲む方向で検討・解決することを約束して会議は終了。

こうして新規発足した「東京消防本部」は約2カ月後の5月1日に「東京消防庁」へと改称されたのである。これにともない「東京消防本部等の設置に関する条例」も「東京消防庁の設置等に関する条例」へと変更され、その第2条に「消防の名称は、東京消防庁という」、さらに第7条には「消防長は、これを消防総監と称する」と規定されている。

こうした流れから誕生した「2つの消防庁」だが、やはり混同しやすいのは確かで、新聞記者のなかには、総務省消防庁を「国消（1952年命名の旧称の『国家消防本部』の略称から）」、東京消防庁を「東消」と呼ぶ人もいるようだ。

84 いのちの制服「防火服」の仕組みは？

紅蓮の炎が燃え盛る火災現場、そのなかで消火や救助活動に果敢に挑む消防隊員にとって「絶対必須のアイテム」といえる「防火服」は、まさに「いのちの制服」とでもいうべき一着だ。

もちろん、隊員のフォーマルな制服は別にある。だが、映画やTVドラマなどの印象からも「これぞ消防隊員の雄姿！」というのが「防火服」姿だろう。

最近の主流は、上下が分かれているセパレート型で、通常、「難燃性」「耐熱性」「撥水性」、さらに汗や体温など服内の熱や湿気を逃がしやすい「透湿防水性」などがあり、それらは優れた素材を3層ほど重ねたつくりになっている。

なかでも、炎に最も近い表生地に用いる素材は特に重要となる。

火災現場では「輻射熱」という現象により、屋外で炎から10メートル近く離れた場所であっても、その温度は300℃以上にもなる。木材の燃焼温度が約260℃だから、木が生えていれば自然に燃えだしてしまうほどの高温だ。

そこで、表生地にはナイロンの一種である「アラミド繊維」というものを使ったものが多い。もちろん「ナイロンの一種」といっても、私たちが日常着ている化繊のようなヤワなものではなく、約400℃までに耐えられる「難燃・耐熱性」に優れた素材なのだ。

最近では、既存の化学繊維のなかで最も熱に強い「ザイロン」を用いたものも人気が高いという。ただ、どんな素材を使っていようと、防火服はあくまで「炎の熱から守る服」であって、「炎を防ぐ服」ではない。つまり、燃えにくい素材で作られているとはいえ、ぜったいに燃えないというわけではなく、しっかり内部にも熱が伝わっているのだ。

実際、アラミド繊維を用いた防火服では1200℃の炎に数十秒間さらされても燃えないものがあるものの、この温度では熱伝導の面から、着ている消防隊員のほうが熱さに耐えられなくなってしまうという。

こうした点も含め、外からの熱だけでなく、内側の熱対策も重要なポイントとなる。気密性の高い防火服を着て激しい消火活動を行なえば当然体温は上昇するが、その熱が服内にこもることで、さらなる「体温上昇」が起きてしまう。これが「ヒートストレス」と呼ばれる状態で、熱射病のような症状に陥ったり、最悪の場合、命に関わったりすることもある。

そこで、高い透湿防水性をもつゴアテックスを内側の素材に使ったり、冷却材を用いたりするなどの工夫もなされている。

さて、一昔前の防火服といえば、見るからに「銀色でごわごわして動きにくい」のが当たり前だった。しかし、新素材の導入が進んだ今では「カラフルで動きやすい」防火服が消防の常識となりつつある。

今後もさらに進化しつづける防火服は、時代の先端技術を駆使して、身軽で高い機能をそなえたファッショナブルなものに移り変わっていくだろう。

85 空港の自衛消防隊では警備会社が防災にあたる！

ここ何年かのあいだ、航空機関連の小さな事故が頻発しているが、今のところは特に大きな事故にまではいたっていない。とはいえ、いざ空港内での事故が起きたときには大惨事になる可能性がきわめて高い。

その理由は、旅客機が積んでいる膨大な燃料だ。

通常、離陸時のジャンボ機などには170トン近くもの燃料が積まれており、これがたとえ目的地に到着した場合でも数十トンは残っている状態だ。

さらに、航空機の事故で最も多いケースは離着陸時であることから考えると、空港は航空機火災が最も起こりやすい場所といっても過言ではない。

こうした状況を考慮して、国際民間航空機関（ICAO）では、各空港の規模に応じた消防力の基準を設けている。そのなかには、「空港内での航空機事故による消火・救難活動は、事故発生から2分以内に現場に到着し、着手すること」という内容の項目がある。

ということは、少なくとも空港から2分以内のところに消防署がなければ物理的に間に合わないことになるが、消防署がある空港などはまず存在しない。これは立地の問題もそうだが、それ以上に、空港火災で使用する大型消防車両を「滅多に事故の起きない空港のためだけに」保有・管理する署自体は存在しない。

空港内には専用の大型化学車や救急車などはなくてはならない車両だ。それを運行し、消火にあたる人員も当然必要となってくる。確かに甚大な被害を招く可能性もある空港火災だが、だからといってそこに消防署をつくるメリットがあるとは、各自治体もさすがに考えない。

では、いったい誰が消火活動にあたっているのかというと、実はこれが「民間の警備会社」なのだ。

各空港は警備会社のなかでも空港消防の専門部署をもつところと契約し、いわゆる「企業内自衛消防隊」というスタイルで空港の防災にあたっている。

「でも消火活動にあたるのは消防士でなければダメなのでは?」と思われる方もいるかもしれないが、それはあくまで「119番通報を受け、緊急自動車として火災現場へ向かう場合」だ。企業の敷地内での消火・救助活動については、大型車免許や救命救急士などの免許は必要だが、消防隊員の資格やそのほかの特殊免許などはいっさい不要なのだ。

とはいえ、大規模火災の消火活動という点では高度な技術はもちろん必要。そこは専門の警備会社だけに、ぬかりはない。

消火活動における通常の研修・訓練を行なうのはもちろんだが、「空港防災教育訓練センター」での研修や消防署のレスキュー隊との合同訓練を行なうなど、空港の防災を任せられるスペシャリストの育成に、万全の体制で臨んでいるので心配ないというわけだ。

86 警視庁のマスコットは「ピーポ君」、東京消防庁は何？

古くは「ケロヨン」から最近では愛知万博の「キッコロとモリゾー」など、巷にあふれる数々の「ゆるキャラ」たち。見た目のイメージや、かもし出す雰囲気か、いかにも「ゆる～い」というところが、こうした総称の由来なのだろう。ちなみに「ゆるキャラ」の名づけ親は、マンガ界の奇才、みうらじゅん氏だ。

ただ、こうした「ゆるいキャラクター」をマスコットにしているのは、各県や市などの自治体や中央省庁など、正直あまり「ゆるくない」かなりお堅いところのほうが多いようだ。

そんなところからも、お堅いイメージを少しでも払しょくしようという意図もあるのでは？

実際、東京都水道局のマスコットの「水滴くん」や「水玉ちゃん」、法務省の人権イメージキャラクターの「人KENまもる君」や「人KENあゆみちゃん」などは、かなりの「ゆるみぶり」だといえる。

そんな数ある「ゆるキャラ」のなかでも、なるほどとうなずけるキャラが、警視庁のシンボルマスコット「ピーポくん」ではないだろうか。

警視庁のホームページによると、1987年の4月17日生まれと現在弱冠19歳の若さながら「親しまれ、信頼される警視庁」というテーマのもと、都民と警視庁のきずなを強めるという重要な任務を背負って立つ頼もしいマスコットだ。

そこで消防といえば、こちらもやはり「ゆるめ」のキャラが存在する。どんな災害でも駆けつけて救助・救命する、都民に愛される「未来消防士」というイメージから生まれたその名も「キューータ」。

身にまとった赤いスーツは、活動性に優れた未来の消防服で、精悍さと勇敢さを表わしている。さらに消火用の水をイメージした水色の防火ヘルメットをかぶり、そこから出ているアンテナは、緊急時に光って危険を察知する力があるのだ。

そして胸には「119」と、消防への通報電話番号のアピールも忘れていない。

名前の由来は「キュー」と「タ」に分かれ、キューのほうは11「9・救・急」などからとり、タは多くの人を「助ける（タスケル）」のタがもじられている。

平成13年の1月1日から開始された「キューータ」だが、右手の親指を立て、「災害はボクに任せて！」とガッツポーズをとる姿は、実に頼もしいかぎり。

87 陸海空3軍も参加した「史上最大の防災訓練」とは？

防災訓練といえば、小中学校のころに行なわれた避難訓練を思い出す人も多いだろうが、事前に発表された日時に行なわれる訓練は、訓練のための訓練といった感じで「本気になれなかった」というのが正直なところではないだろうか。

だが、そんなレベルの訓練とは比べものにならないほど、スケールも緊迫感も段違いの防災訓練が実施されたことがある。2000年9月3日に行なわれた東京都総合防災訓練「ビッグレスキュー東京2000〜東京を救え」だ。

発案者は、1999年4月の都知事就任以来、現在までその地位を務める石原慎太郎氏だ。それまで関東地域で行なわれてきた防災訓練は、東京都・神奈川県・千葉県・埼玉県ほか計7都県市が協力する形で、1980年から毎年9月1日（防災の日）に行なわれてきた。

しかし「国家の中枢が位置する東京都心部が直下型地震を受けたら……」という想定で、東京都として独自にどうしても検証しておきたいという石原氏の考えから、この訓練が実現した。

その訓練の規模のスケールは、いろいろな面で、まさに「ビッグレスキュー」と呼ぶにふさわしいものだった。

「東京区部を震源とするマグニチュード7・2、震度6強の直下型地震発生」という想定で始まったこの訓練には、東京都、警視庁、東京消防庁などの東京都関係の行政機関のほか、内閣の補助機関である内閣官房をはじめ、警察庁、自治省消防庁（現総務省消防庁）、海上保安庁、防衛庁、国土庁（現国土交通省）、建設省などの国の行政機関、さらに各自治体の防災・消防・救助関連機関から東京電力、NTT、都営地下鉄などの企業や公団あわせて計107団体が参加。

なかでも特に目立ったのは「自衛隊の参加規模」だ。阪神・淡路大震災の際、消防と自衛隊の連携が円滑でなかったという教訓もあり、例年数百名程度のところをなんと陸海空3軍から、参加人数の1／3近い7100名が参加している。

ちなみに、3軍合同による防災訓練は自衛隊としても初のことである。開催日が通常の9月1日から3日にずらされている点も重要なポイントだ。

従来は、広場に建てた仮設の小屋などを高層ビルに見立てたイベントもしくはショー的な訓練でしかなかったが、9月1日が平日の場合が多く、会社などが機能している状態では現場での大がかりな訓練は不可能だったろう。

ちなみにこの年も1日は金曜、それを東京都は3日の日曜日に実施することで、より実践的なものが実現したというわけだ。

実際、都庁や銀座などの高層ビルが林立する都心部を舞台に、ビルの屋上からのロープ降下による救助や、一般道路における自衛隊の装甲車などを使った避難拾乗など、きわめて大がかりでリアルな本格的訓練が行なわれた。

地震大国の日本、いつ起きるかわからない都市直下型の大地震に対しては、今後もこうした大規模で本格的な訓練を、ぜひとも継続してほしいものだ。

88 必見！ 総建設費約22億円の空港防災訓練センターとは？

2006年になって少々沈静化したとはいえ、マスコミ等で報告される航空機関連の不祥事はまだまだ止みそうにない。だが、それはあくまで機体に関するもので、空港での事故というのはほとんど起きていないのが現状だ。

ここ最近の過去の例を見ても、特に大きなものは94年4月の名古屋空港における中華航空機の墜落炎上事故、96年6月に福岡空港で起こったガルーダ・インドネシア航空のオーバーラン炎上事故といったところではないだろうか。

だからといって事故はいつ起きるかわからないし、その対策を怠っていいわけでは決してない。

実際、これらの事故を契機として、航空機事故が発生した際の初期活動や消火活動などにより、実践的で充実した訓練が求められるようになったといえる。

そうした流れを受け、２０００年4月に発足したのが「空港防災教育訓練センター（EATC・Education And Training Center for airport disaster prevention）」だ。これは国土交通省航空局飛行場部の管轄下にある、空港での航空機事故を想定した実践的な消火・救難訓練が行なえる「全国唯一」の施設で、長崎空港の一角に位置している。

同センターは総建設費なんと約22億円（!）。

世界的にもここまで本格的な航空機の消火訓練場は珍しく、全国の空港で消防活動にあたる職員はもちろん、自衛隊、さらには海外の消防組織のスタッフまでが視察などに訪れているそうだ。

この施設の最大の特徴は、それまで不可能だった「実際に炎上している航空機への鎮火作業訓練」を模型（モックアップ）を使うことで可能にした点だろう。ただ、モックアップといっても、そのスケールはただものではない。

２台あるうちのひとつは、ボーイング７６７をフルサイズ（!）でリアルに模したもので、滑走路に胴体着陸した設定で、しかも左翼が折れた形で設置されている。

訓練時は大量のLPガスを使って機体を炎上させるのだが、腐食や熱の影響を考えた特殊な素材の機体は、繰り返しの訓練でもまったく問題がない。

また、訓練設備制御室でのコンピュータ制御により、天候や航空機の種類、出火場所、火災の大きさなど、さまざまな条件下での多様な火災を作り出すことができるようになっている。

もう1台のモックアップは、機首から約30メートルの胴体に左翼とエンジンのみのつくりだ。機内には客席も設けられており、機体の火災訓練にも使われるが、搭乗者の救助訓練ができるようになっている。

訓練の際の乗客はダミーの人形を使うものの、実際に客室内に煙を充満させての「リアルな訓練」は同センターだけでしかできない大変貴重なものだ（安全面から訓練時に使う煙は人体に無害なものを使用）。

なんともダイナミックでスケールの大きいこの消火訓練は、年に1回、9月20日の「空の日」前後に催されるイベントで一般公開も行なわれている。ぜひ一度は見てみたいものだ。

89 火事で一番恐ろしいのは「黒煙」!

火事の際、真っ先に目に飛びこんでくるものといえば「炎」だろう。確かに、燃えあがる炎を目の前にすれば、訓練を積んだ消防隊員でもないかぎり、パニックに陥るのは当然のことだろう。

だが、実は火災のときに最も恐れるべきものは、あの「黒煙」なのだ。消防白書によると、平成16年度の建物火災での死亡者数は1414人。このうち「死因のトップ」にあたる約40%が「一酸化炭素中毒・窒息」という。要するに「煙を吸いこむこと」が原因となっているのだ。

火事では輻射熱などで急激に炎が上がるケースが多く、まわりの酸素を十分取りこめないことから、ほとんどが「不完全燃焼」となる。

さて、十分な酸素がある状態で木が燃えると「完全燃焼」となり二酸化炭素が発生するが、燃える際に酸素不足だと、どうなるだろう。

これは中学2年レベルの問題だが、話の流れからもピンときた人も多いのでは。そう、正解は酸素が不足しているのだから「不完全燃焼」となり、一酸化炭素が発生する。

こうして発生した一酸化炭素が呼吸などで体内に入ると、通常は酸素と結合して全身に酸素を送る働きをもつ血液中の「ヘモグロビン」と結びついてしまう。

一酸化炭素とヘモグロビンの親和性（結びつきやすさ）は酸素の200～300倍ときわめて高いため、酸素が太刀打ちする間もなく、一酸化炭素はどんどん結合していき、しだいに酸素不足で脳が麻痺してしまうと、やがて「死」にいたる。これが一酸化炭素による中毒死・窒息死のメカニズムだ。

さて、そんな恐ろしい煙の進む速さだが、これが思ったよりも遅い。建物内で、廊下などの横方向に対しては秒速0・3～0・8メートルなので、全力ダッシュなら逃げきれそうなスピードだ。

だが、そんなに甘くはない。オフィスビルやデパートなど大人数が居合わせる場所であれば身動きがとれないこともあるだろうし、停電などのアクシデントに巻きこまれることも考えられる。さらに問題なのが「階段」なのだ。

高温の煙だけに、縦方向への煙の移動は横の比ではなく想像以上に速い。そのスピードは秒速3～5メートル。ちょうどヨットが10ノットで進んでいるのと同じくらいの速さになる。

ちなみに人が階段を上る速さは、通常秒速約0・5メートルで、どんなに頑張っても2

メートルはいかないだろう。

「煙とのレース」なんて考えず、非常口の確認や避難訓練など、ふだんから防災に気を配るほうが断然賢い行動といえる。

90 救急車を待つ最初の3分間が、生死の分かれ目

「キキーッ、ガッシャーン!!」

目の前で交通事故が！ そして被害者が瀕死の状態で倒れている。さあ、アナタならどうする？

とっさの出来事で気が動転し、実際は何もできないのではないだろうか。

「素人は手出しをせず、まずは救急車を待つべきだ」などと考えるのは大間違い。応急処置もできないのに下手に手を出し、さらに事態が悪化したらなどという考えは、今日限り捨てていただきたい。

「あと1分早く処置を始めていれば……」

これは常に現場で起きていること。なによりも必要なのは、事故後の最初の処置となる

ドリンカーの救命曲線

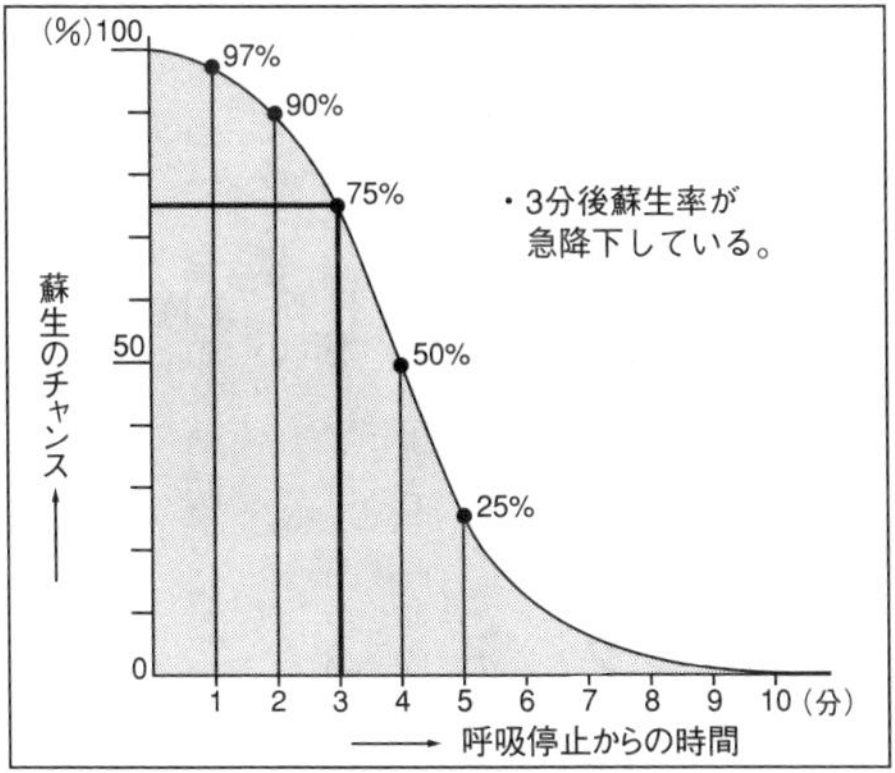

「応急手当」なのだ。

「ドリンカーの救命曲線」というグラフがある。これはアメリカのドリンカー博士がWHOに提出した「呼吸停止後から人工呼吸開始までの時間と、その蘇生率の関係」を示したものだ。処置を始めるのが遅れれば遅れるほど蘇生率が下がるということはわかる。

では、そのデッドラインはというと、グラフを見れば一目瞭然だが、「3分経過」以降は蘇生率が急降下しているのがわかるだろう。

これに対し、「119番通報をして」から救急車が到着するまでにかかる時間は、平均で約6分。

さらに救急車の出動回数は年々増加していることから、過去5年間で現場到着までの時間は1分近くも延びている。

今後もこの傾向は続くと考えられ、通報までの時間を含めれば10分近くもかかることもあるという。

こうした現実を知ると、救急車の到着を待っているあいだの「その3分」が、いかに貴重な時間であるかということがわかる。

応急手当は、全国の各消防署において「応急手当の講習会」が開催されているので、問い合わせてみてほしい。

事故は他人事ではなく、自分の身の上にいつ起こるか知れない。

突然の事故に遭遇したとき、「命のバトン」をつなぐ「救命リレー」の第一走者が、現場にいるアナタだという自覚を、この機会にぜひ持っていただきたいものだ。

91 奇妙な暴発火災「バックドラフト現象」って、なんのこと？

1991年に公開され、アカデミー賞にも数部門ノミネートされた映画「バックドラフト」は、ウィリアム・ボールドウィンとカート・ラッセル演じる兄弟の消防隊員の葛藤や、彼らを取り巻く人間模様を描く。

さらに火災原因調査官に扮するロバート・デ・ニーロの渋い役回り、そして出番は少ないながらも強烈なインパクトのあるドナルド・サザーランド扮する「異常なまでに火に詳しい放火魔」など、個性豊かな配役とミステリー仕立てのストーリーでヒットを飛ばした映画だ。

さて、そのなかで、ロバート・デ・ニーロが追っていた奇妙な暴発火災、それこそがこの映画のタイトルにもなっている「バックドラフト」だが、正確には「バックドラフト現象」と呼ばれるものだ。

物が燃えるには当然「酸素」が必要となる。十分な酸素があって、初めて燃焼という事象が起こる。

室内で火災が起きた際、「燃焼に必要な酸素」が使われてしまったうえで、室内にさらに酸素が供給されない状態にあった場合、火の燃焼速度は一時的に低下することになる。

しかし、それは鎮火の状態にあるのではなく、急激に窓やドアを開けてしまえば一気に空気（酸素）が室内に入りこみ、爆発的な燃焼が起こってしまう。この状態を「バックドラフト現象」というのだ。

映画では、ある人物がドアを開けた瞬間に爆発し、そのすさまじい爆風で本人が吹き飛ばされている。

また、こうした現象と類似したものに「フラッシュオーバー現象」というものがある。

これは屋内の上層部に、可燃性ガスなどが火災による燃焼で発生し、それが一定量、さらには温度や空気との混合比などがある条件下で引火し、爆発的に燃焼するというものだ。

この両者は、燃焼の仕方だけを見ると大変似通った「爆発的な燃え方」だが、原因や発生過程はまったく異なる。しかしながら、それがどちらかという判断は非常に難しいといわれる。

92 女性の下着着用を促した「白木屋の火災」とは?

1932(昭和7)年12月、歳末大売出しとクリスマスのセールが重なった日本橋白木屋百貨店(現在の東急日本橋店)では、クリスマス用の電飾が店内を網羅するように張り巡らされ、大いに華やいだ雰囲気を盛り上げていた。

そんな師走の活気溢れるあわただしい時期に、悪夢は起きた。16日の朝、まだ開店前の店内の電飾を点検していたところ、クリスマスツリーの豆電球に不ぐあいが見つかり、修理しようとした瞬間にソケットと電線が接触し、スパークした。運悪く、飛び散った火花が周囲の商品などに着火し、大火災となってしまった。

これが俗に「白木屋の火災」と呼ばれる昭和初の高層建築火災だ。消火活動にあたった日本橋消防署からは、なんと消防職員や消防組員（消防団の前身のようなもので現在は「警防団」に吸収されている）など総勢799名が動員され、ポンプ車が実に29台。さらには、はしご車3台と水管自動車（今のホース運搬車）が2台出動するという、当時としては未曾有の「史上最大規模の消火力」だった。

この火災によって8階建てのビルの4階以上、約1万4000㎡が焼失し、当時で500万円にもなる損害が出ている。また、開店前ということが不幸中の幸いだったが、死者1名、負傷者67名の犠牲者を出している。

この「白木屋の火災」、甚大な被害状況もさることながら、ある大きな「問題提起」のきっかけとなった。

それは、この火災でビルからの墜落による死者が13人おり、そのなかの「女性墜落者」が起因となった。高層階から垂らした綱にすがって脱出を試みた女性の何人かが、スカートのすそがめくれあがるのを片手で押さえようと、つい綱から手を放して墜落死してしまったのだ。こんな極限状態であっても、女性としてのたしなみに心を奪われ、それが仇となって大惨事が起こった。

この事件を契機に、「女性の下着着用」の必要性が問いただされ、それまで日本人女性が着けることのなかった「下ばき」を身につけるきっかけとなった火災だった。

これを教訓に、昭和8年5月7日、「日本婦人はズロースなく門戸開放にすぎる」と東京新聞が社説で論断したことで、日本人女性の洋装化が進んでいくことになった。

ついでにいうなら、この事件以前にも「女性の下ばき」に関する議論はあった。それは関東大震災の、池や河岸に打ち上げられたおびただしい数の女性の死体の姿からだ。

このときにも、女性の下ばきの必要性が大いに叫ばれたが、結局実現にはいたらなかった経緯がある。

93 消防服にも「ファッションショー」がある？

洗練された雰囲気のなか、エレガントなモデルたちが最先端の衣装でドレスアップし、颯爽と舞台を歩いていく……。

まさにそんなイメージのファッションショーなのだが、これがなんと消防の世界にもあるのだ。

これは、いわば「消防関連のイベント」のひとつで、各消防本部などが企画するもの。ただ、単独での実施というよりは、市町村などの地方自治体と協力して行なわれることが多い。

要するに「○○市民まつり」といった、イベントのひとつのアトラクションとして行なわれる。

こうしたイベントは全国で行なわれている。基本的に勤務する職員がモデルを務めるのだが、通常の制服から防火服、防毒服、レスキュー隊の制服、女性向けの制服など、バリエーションに富んだショーが見られる。

なかには消火や救助のシーンを想定したアクションを盛りこんだ演出もあって、子供たちも大喜びというイベントも少なくない。

ある消防署の責任者は、

「各服装のスペックや目的など、細かな説明を入れることで、子供だけでなく大人やマニアの方にも受けるような演出を考えている」と語っている。

また、大がかりなものとしては、東京消防庁のブースで1994年の10月に開催された「ファイヤーセーフティー・フロンティア94（FF'94）」で「なるほど・ザ・消防服」というものがあった。

ちなみにこのときは、ファッションモデルを使い、照明や演出も凝りに凝った、かなり華やかなもので、「救助隊（防火服）」「山岳救助隊」「航空隊」などのユニフォームや「未来の消防服（をイメージして作られたコスチューム）」などが披露されている。

94 はしご車の試乗体験コーナーもある「防災イベント」の人気の秘密

けっこう身近に感じながらも意外に知られていないのが、消防の世界ではないだろうか。サイレンを鳴らして走りすぎる消防車を街中で見ることはあっても、自分が119番通報して消防車を呼ぶという事態に直面することはほとんどないだろう。

また、消防車に乗ったり実際にホースを持って放水したりという体験をもたれた方も、きわめて少ないはずだ。だが、一般の方にこうした体験をしてもらい、消防活動への理解を深める目的で催されるのが、消防関連のイベントだ。

イベントは1月の「出初式《でぞめしき》」に始まり、11月の秋の火災予防運動のあたりまで、全国の消防本部で誰でも参加できるさまざまな行事が数多く開催される。

内容は本部ごとのイベントによって異なるが、車両・資器材などの展示や訓練風景の観覧がメイン。なかには消防車への乗車、ホースを持っての放水、さらに防火服の着用などの体験コーナーや、さまざまなアトラクションが行なわれるところも少なくない。

非日常的で貴重な体験に対する市民の関心はきわめて高く、それぞれの消防本部のイベントは、いつも人気を博しているようだ。

こうしたイベント情報は、各消防本部などのホームページで紹介されているし、市町村が発行している広報誌でも紹介されている。

開催されるイベントやアトラクションは、消防本部など各自治体が主催するものばかりでもなく、最近はモーターショーなどでも消防関連の車両も展示されるようになった。

その先陣を切ったのが、日本の消防車のトップメーカー「モリタ」だ。同社では、2004年の「第38回東京モーターショー」、さらに2005年の「第4回大阪モーターショー」で、「はたらくくるまコーナー」に消防車を出展している。同社の広報担当者によれば、「消防車の出展は今回が初めての試み」とのことで、すこぶる好評だという。

一般の車に混じって参加した消防車で特に関心を呼んだのが「はしご車の試乗体験コーナー」だ。1日数回しかないアトラクションに大勢の人が詰めかけ、急遽整理券が発行されたほどだ。

観客のなかには、消防車を見て大喜びする子供もいれば、せっかく並んだのにいざ目の前の消防車を見ると急に怖くなって泣きだす子もいたという。

大阪会場でのこと、あるお母さんは「さんざん長いあいだ並んだのだから、こんな機会は二度とないんやから乗らんともったいないないわ」とばかり、横で泣きじゃくる子供をしり目にさっそうと乗車気分を満喫していたという。

95 生き残りに必死なアメリカ消防のお家事情とは？

長引く不透明な景気状態から、各業界のほとんどの民間企業はコストや人員削減など、さまざまな面での対策を立てて経営の安定化を図っている。

こうした流れは民間にとどまらず、地方自治体への助成金問題解消のための三位一体政策や地方公務員の給与見直しなど、国や公共団体も財政事情の建て直しに取り組んでいる。

地方自治体の一組織である消防の世界も同じこと。「必要となる装備を削って」というわけにはいかないだろうが、できるかぎり支出を抑える工夫は常に行なっているようだ。

たとえば、古くなった消防車を買い換えずにオーバーホールして使うとか、「タンク車」と「救助工作車」の2台がほしい場合、2台の機能を併せ持つ「複合用途車」を購入するなど、さまざまな工夫を重ねている。

そんな生き残りのために必死な状況は、海の向こうでも事情は変わらない。アメリカのケースを紹介すると、外務省の発表ではアメリカ経済の景気は拡大基調にあるとのことだが、2005年度の財政赤字は3186億ドルとなっており、2003年に大型減税法案が可決しているとはいえ、財政赤字は当面続くだろうという見解だ。

こうした状況のなか、消防署の閉鎖や職員の解雇といった問題が後を絶たない、というのがアメリカのお家の事情。

そこで、窮余の策としてアメリカのほとんどの州の消防局では、採用試験を「有料制」にすることで収入を得ている。年1回実施される採用試験の受験料は、州によって異なるが、平均受験生1人あたりおよそ25～35ドル程度となっている。

毎年約4000人ちかくの受験者が集まるニューヨーク市などでは、たった1回の試験で千数百万円もの収入になるという。

また、各事業所等をまわって行なわれる予防査察（防火設備の安全点検）でも、1回につき数十ドルの調査料を課しているところもあれば、春と秋の2回、「懸賞つきくじ」を1枚10ドルで発売しているチャッカリ消防局もある。

日本でも「サマージャンボ」などの宝くじや地方自治体によるくじの発売は行なわれているが、アメリカでは「地方自治体のなかの一消防局」が行なっている。これぞまさに「自由の国」ならではといった感じだ。

その自由の国の面目躍如たる催しが「夏のイベント」だ。多くの消防署では夏祭りの時期になると、署の敷地内にゲームセンターなどを仮設して収益を得ているのだ。なかにはジェットコースターやビアガーデンまで設営するというからビックリ。

冬は冬でクリスマスのパーティも多く開かれ、Tシャツやワッペンなどのグッズ販売にもひたすら精を出しているとか。

だが、こうした催しも市民には大好評なのだ。オカタイ行政大国の日本でも、一度試しに実施してみたらどうだろうか。

消防マニアはもちろん、一般の人々への理解も深まり、一挙両得、大いにウケると思うのだが、どうだろう。

96 消防と警察の組織、似ているようだが、どこがどう違う?

まず、警察と消防との違いについては、「市民の安全を守る」という点では、いずれも共通するが、この2つの職業には明らかな違いがある。

警察の場合、「警視正以上」の階級を持つ者はすべて「国家公務員」であるのに対し、消防では原則として全職員が「地方公務員」となる。これは消防の最高位である「消防総監」であっても同様だ。

このため、階級数ではそれぞれ10と、互いに対応するような形となっている警察と消防だが、それぞれの同じ階級（消防士と巡査など）が同等の地位であるかというと、厳密な判断はきわめて難しい。

警察の場合、先述したように警視正以上はすべて国家公務員となるうえ、さらに、たとえ巡査であっても警察庁（管区警察局を含む）勤務の者は国家公務員となるからだ。

ちなみに、消防で「警視正」と同一の位置づけとなる「消防監」だが、法律上の身分や有する命令権の範囲など、さまざまな面で「警視正」のほうが優位となっている。

それぞれの階級の最高位である「警視総監」と「消防総監」だが、「消防総監」の任命や罷免が「都の権限」で行なえるのに対し、「警視総監」では「国家権限」でなければならないという違いもある。

階級や身分の相違だけでなく、「組織の設置」のあり方も、それぞれ異なっている。

警察組織では、東京都であれば「警視庁」、大阪府であれば「大阪府警察本部」など、都道府県ごとの設置という形がとられており、全国でみると警視庁を含む47の本部が置かれている。

一方、消防はというと、原則的に市町村単位で本部が設置されているため、その数は全国でおよそ900近くにもなっている。

例外として、東京23区と離島や多摩地域の一部（東久留米市、稲城市）を除く市町村など、「東京都のほぼ全域」をカバーする「東京消防庁」がある。

各本部の名称だが、警察の場合、「警視庁」以外は「○○警察本部」という共通したものが用いられているが、消防では「○○消防本部」のほかに「○○消防局」という名称も多く使われており、変わったところでは、「東京消防庁」以外にも静岡県焼津市の「焼津市消防防災局」や神奈川県横浜市の「横浜市安全管理局」などがある。ただ、いずれも消防の組織における「消防本部」であることに変わりはない。

本部の下部組織で、いわゆる「実務」にあたるのが、それぞれ「警察署」「消防署」だ。警察ではさらにその下に「交番」がある。ちなみに警察署と交番の合計は全国で約7800。これは消防署のおよそ4・5倍となる。

97 「火事と喧嘩は江戸の華」と「宵越しの銭を持たぬ」の真意は？

いずれも、かつて江戸の町に生まれ住んだ江戸っ子の気っ風《ぷ》を表わす代表的な言葉とされるが、はたしてその真意はどうなのだろう。

その前に、まずは江戸の町の発展について見ていくことにしよう。ベースを作ったのは1457年、現在皇居がある場所に城を築いた室町時代の武将「太田道灌《どうかん》」だとされている。なぜなら、その後この地に幕府を開いたのは徳川家康だが、江戸城の原型となる道灌の城がなければ、別な場所に城を作っていただろうといわれているからだ。

また、家康は城の修築に優先して城下町づくりを始め、さらに運河や水道の整備、湿地帯の開拓などを進めていった。こうして都市機能が充実していった江戸は、大いに発展していくこととなる。

活気のある町として繁栄を続ける江戸には住宅などの建物も増える一方で、土木建築関連の職人たちは食いっぱぐれる心配もなく、安泰に日々をすごせた。だから江戸に生まれ育ったいわゆる「江戸っ子」は、落語やお芝居などでも知られる「熊さん」「八っつぁん」タイプの職人や鳶などが多く見られ、皆江戸に住んでいることを誇りに思う人が多かった。

たとえ大火などが起きても、その復興のために新たな仕事が生まれることも含め、仕事はあるから「金の心配なんてするな」という風潮も生まれる。

そうした時代背景によって、「宵越しの銭は持たぬ」などという江戸っ子の勇ましい心意気が生まれたという説もある。

また、家康が江戸入りした天正18（１５９０）年から明治40年までの３１７年間の江戸や東京での主な火災を記録している「東京市史稿（変災編）」によれば、江戸の火災は８７３件、なかでも大火はなんと97件という記録が残されている。

木造家屋が密集していた当時の江戸の町では、大火は住まいも財産もなにもかもが一瞬で灰になってしまううえ、命の危険もある。大火が頻繁に起きていたこの時代では、「火事で一文なしになってしまうくらいなら今日のうちに使っちまえ！」という、やけっぱちな気持ちから生まれたという説もあるのだ。

また、遠くから見る火事の炎は「華」にたとえられたが、常に大火と隣り合わせにいた江戸の住民にとっては、本音としては「江戸の華」などと悠長なこともいっていられなかっただろう。

いずれにしても、住みなれた活気ある江戸の町を離れるのは忍びなく、そんな思いから職人気質の強がりで、こうした表現になったのだろう。

98 江戸時代に活躍した「まとい」の役割は？

「おーい、てーへんだっ、クマさんの長屋が火事だってよ！」

「なにい！　よし、それじゃ俺たち町火消しの出番だぜぃ！」

火災が非常に多かった江戸っ子の町では、小気味いい「てやんでぃ！」「べらぼうめぃ！」などと、こんな会話が飛び交っていただろう。

そんな威勢のいい江戸の町火消しのイメージは「まとい」を抜きには語れない。

そもそもこのアイテム、「天下泰平の江戸」を迎える前の「下克上の戦国時代」には、戦場で敵味方を区別する目印として用いられていたもので、「的率《まとい》」または、軍の将帥の馬側に立てられていたことから「馬印《うまじるし》」と呼ばれていた。

戦国の世が終焉を迎えるとともに、「まとい」は「武家の目印」から「火消したちの標識」へと移り変わっていった。

紅蓮の炎のなか、まといを持った火消しは屋根にのぼり、上下に勢いよく振りまわしながら、「今、この火事は俺たち○組が消してるんだぜ！」「○組のみんな！気合い入れてけよ！」といった意味をこめ、「組のアピール」と「現場の士気高揚を図る」ことを目的としていた。

だがそれだけではなく、まとい持ちは、ほかにも重要な意味を持っていた。彼は燃え盛る建物の一番近い危険な屋根の上に立って、まといを振る。

「火事は必ずここで食い止める！」という一歩も引かない強固な意志を示すのだ。まとい持ちは、火消しのなかで最も勇気のいる名誉ある仕事でもあり、ほとんどが世襲制だったという。

また、当時はこんなこともあった。火事の現場で2つの組が鉢合わせし、先手争いでもめているうちに片方の組のまといが折れてしまった。そこで、折られた組が相手組の人間を殺してしまい、当時の将軍吉宗まで動かす大騒動に発展したこともあるという。

それほど大切な組のシンボルのまといには、「い」「ろ」「は」など計64の組があり、それぞれが「陀志《だし》」と呼ばれる「先端の標識部分」に、土地に縁《ゆかり》のあるものから大名の紋所までそれぞれが趣向を凝らした独自のデザインを用いていた。

なかでもユニークなのは「芥子《けし》の実」と「升《ます》」をかたどった「い組」の陀志だ。どこがユニークかといえば「けし」に「ます」で「消します」とかけたことだ。なんだ駄洒落か、などと一笑に付してはいけない。縁起を担いだ当時の火消しにとっては命がけの「洒落」なのだ。

事実、名奉行の「大岡越前守」でさえ、「い組」のこの陀志を絶賛したという説もあるほどだ。

99 神話に出てくる日本と世界の最古の火災の原因とは？

人類が地球に誕生したのが約400万年前、さらに火を使いはじめたのがおよそ150万年前あたりだといわれるから、そのころすでに火災が起きていても不思議ではない。

だが、それではあまりにも雲をつかむような話になってしまうので、ここでは文献などに記録として残っているものについて紹介してみよう。

さて、まずは日本からだが、わが国最古の火災は「日本最古の歴史書」といわれる「古事記 上巻」の一節に書かれたものだとされる。その内容は以下のとおりだ。

「戸無き八尋殿《やひろどの》（大きな御殿の産屋《うぶや》のこと）を作りて、其の殿の内に入り、土を以ちて塗り塞ぎて産む時に方《あた》りて、火をその殿に著《つ》けて産みき。故、其の火の盛りに焼ゆる時に生める子の名は火照命《ほでりのみこと》」

はて、いったい何のこと？ つまり「女性が出産の際、出産のための部屋（産屋）に入り、閉めきったうえで火をつけ、燃え盛る炎のなかで子供を産んだ」ということだ。と、ここまで読んで（なんでそんなことを？）といぶかるのは当然だろう。確かにこれだけではわけがわからない。

実はこの出産した女性は「木花之佐久夜毘賣《このはなのさくやひめ》」という美しい女神様で、彼女は邇邇藝能命《ににぎのみこと》という男性と結婚するのだが、この2人は出会ったときに懐妊したらしく、男が「本当に俺の子かい？」と疑ったのだという。

そこで彼女は、「もしあなたの子でないなら無事に出産なんて無理でしょう」と産屋にこもって火をつけ、そのなかで無事に子供を出産してみせたというわけだ。

しかし浮気を疑われたからといって、何も火までつけなくてもと思うのだが……まあ最近の若い子のように逆ギレされたり、適当にうまく言い逃れされたりする時代とはちがって、炎のような凄まじい愛の証をたてたとでもいうべきだろうか。

それはともかく、この有名な逸話から、その舞台となった京都の木下神社は、安産と火《ひ》防《ぶせ》の神社として有名になり、今でも広く信仰されている。

次に世界最古の火災についてだが、これは「旧約聖書」の創世記のなかにある。これを読むと、どうやら世界最古の火災は天災だったようだ。

その記述では、「『ソドム』と『ゴモラ』という都市が淫乱と悪徳のはびこる町となってしまったことに怒り、神が硫黄と火の雨を天から両都市に降らせ、これらの町とすべての住民およびその地に生えている植物をことごとく滅ぼした」という内容で、あくまで神の審判ということになってはいる。

これも先ほどの日本の神話と似ており、〈何もそこまでしなくても……〉と、つい思ってしまうのだが、いずれにせよ、日本と世界の最古の火災の原因は、「浮気の潔白を晴らすための放火」と「神の怒り」ということになる。

【参考文献】

『Jレスキュー』（イカロス出版）
『The消防車』（講談社）
『消防車が好きになる本』（イカロス出版）木下慎次著

二見文庫

消防《しょうぼう》自動車《じどうしゃ》99の謎《なぞ》

編著者　消防《しょうぼう》の謎《なぞ》と不思議《ふしぎ》研究会《けんきゅうかい》

発行所　株式会社 二見書房
東京都千代田区神田神保町1-5-10
電話 03(3219)2311［営業］
03(3219)2315［編集］
振替 00170-4-2639

編集　K.K.インターメディア
(株)NA-MU
印刷　株式会社 堀内印刷所
製本　村上製本

ISBN4-576-06160-7 C0195
http://www.futami.co.jp/

北村弁護士のズバッと解決！法律相談
弁護士 北村法律事務所 北村晴男［著］

「お金」のトラブルや「恋愛」で泣き寝入りしないために必須の法律！ などTVで大活躍の冷徹派弁護士が常識を超えた法律の意外性を面白く紹介。

正義の味方「丸山法律相談所」
弁護士・弁理士 丸山和也［著］

TVで人気の熱血弁護士が誰にでも起こりうる身近なトラブルや悩み事にズバリ答える。ビックリ仰天の法律解釈を駆使して絶対負けない解決策を示す。

実録！少年院・少年刑務所
坂本敏夫［著］

急増し凶悪化する少年犯罪。事件を起こした少年少女たちは、その後、どのようなプロセスを経るのか……？ 少年刑務所の知られざる実態とは!?

実録！女子刑務所のヒミツ
北沢あずさ［著］

女囚が書いた初めての本。塀の中でも捨てきれぬ女の性、過酷な女子ムショ生活。女囚にしか語れない内容。愛すべき女囚たちの実態を赤裸々に告白！

実録！刑務所（ムショ）のヒミツ
安土 茂［著］

著者が体験した刑務所での囚人生活や規則の実態、それにまつわる囚人たちの悲喜こもごも、刑期を終え出獄してからの実態までを赤裸々に語る！

続 実録！刑務所（ムショ）のヒミツ
安土 茂［著］

「ナニワの脱獄王」の計11回にもおよぶ脱獄への挑戦を受刑者仲間の著者が克明にドキュメント。事実は小説・映画を超える！ 刑務所シリーズ第2弾！

グリム童話から日本昔話まで38話 童話ってホントは残酷

三浦佑之［監修］

『白雪姫』の原典では、実の母が我が娘の美しさをねたんで何度も殺そうとし、最後には焼けた鉄靴をはかされて処刑される。童話の原典の意外な恐怖世界を再現する。

童話ってホントは残酷 第2弾 グリム童話99の謎

桜澤麻伊［著］

子供のための童話集に、なぜこれほどまでに残酷な話が収録されたのだろうか？ 残酷さゆえに消し去られた話も掘り出して、グリム童話に秘められた謎に迫る！

グリム童話より怖い マザーグースって残酷

藤野紀男［著］

マザーグースには、子供たちが社会を通して見てきた残酷な事実や恐ろしげな話が歌いこまれています。なぜこんなにも長く伝えられてきたのでしょうか！

魔法使いと賢者の石の本当の話

福知怜［著］

ハリー・ポッターのような魔法使いは実在した!? 大昔から多くの魔法使いが魔法を研究しつづけてきたのです。この本はそんな本当の話を集めたものです。

大爆笑！ 下ネタおもしろ雑学１００連発

片田征夫［著］

誰も書かなかったアノ話！ これまで２８０回以上の海外出張で世界を飛び回っている現役貿易部長が国内外で体験した抱腹絶倒の糞尿屁談を大公開！

大爆笑「おバカ」ネタ５００連発

小瀬木成／白川順一［著］

この一冊であなたはジョーク名人に！ 会社や学校、飲み会などでキラリと光るユーモアセンスをみんなに見せたいときなど、必ずあなたのお役に立ちます。

世にも恐ろしい幽霊体験

ナムコ・ナンジャタウン事務局［編］

事故死した息子の携帯電話が…／僕の肩をたたくのは誰の手？／芸人宿の怖い話！ 他、つい誰かに話したくなる全国から寄せられた身の毛もよだつ47話を収録。

本当に起きた心霊実話

ナムコ・ナンジャタウン事務局［編］

日本全国から恐怖の霊体験手記が殺到！ 12歳の少女から38歳の刑事、73歳の団体役員まで50人が体験した、なにげない日常に潜むとびきり怖い話を厳選！

ひとりで読めなくなる怖い話

ナムコ・ナンジャタウン事務局［編］

この本を夜中に読むときはひとりではページを開かないで！ 膨大な応募手記から厳選46話、本当に起きた怪談実話。実話だから何度読んでも身の毛がよだつ！

誰かに話したくなる怖い話

ナムコ・ナンジャタウン事務局［編］

全国から寄せられた戦慄の霊体験実話。怖くてトイレに行けなくなる。本当に起きた最恐の心霊恐怖実話集。読後、不思議な現象があなたの周りで起きるかも…

怖くてトイレに行けない話

ナムコ・ナンジャタウン事務局［編］

人々が寝静まったあと、あなたをじいっと見ている視線を感じませんか？ 歪んだ空間は、あなたのすぐ隣にも…膨大な体験手記から厳選した戦慄の怪談54話！

私たちが体験した超怖い話

ナムコ・ナンジャタウン事務局［編］

全国から寄せられた血も凍る恐怖実話！ 闇の底から見つめる視線…世にも怪異な世界への扉があなたの近くにも潜んでいる。体験者にしか語れない恐怖の45話。

二見WAi-WAi文庫